高职高专规划教材

液 压 传 动

主　编　孟延军　陈　敏
副主编　白玉伟　黄伟青　刘艳霞　马文英
主　审　袁建路　贾凤菊

北 京
冶金工业出版社
2014

内 容 提 要

本书详细阐述了液压传动系统的基本概念、组成装置及其应用，主要内容包括：液压传动概念、液压泵、液压控制阀、液压缸、液压马达、液压辅助装置、液压基本回路、液压传动系统举例、液压传动系统常见故障及排除、液压传动系统的安装调试与运转维护等。为便于读者加深理解和学用结合，各章均配有思考题。

本书为高职高专院校机械专业及相关专业教学用书，也可供工程技术人员参考。

图书在版编目（CIP）数据

液压传动/孟延军，陈敏主编 . —北京：冶金工业出版社，2008.9（2014.11 重印）
高职高专规划教材
ISBN 978-7-5024-4632-1

Ⅰ. 液… Ⅱ. ①孟… ②陈… Ⅲ. 液压传动—高等学校：技术学校—教材 Ⅳ. TH137

中国版本图书馆 CIP 数据核字（2008）第 130891 号

出 版 人　谭学余
地　　址　北京市东城区嵩祝院北巷 39 号　邮编　100009　电话　(010)64027926
网　　址　www. cnmip. com. cn　电子信箱　yjcbs@ cnmip. com. cn
责任编辑　杨　敏　宋　良　美术编辑　李　新　版式设计　张　青
责任校对　卿文春　责任印制　李玉山
ISBN 978-7-5024-4632-1

冶金工业出版社出版发行；各地新华书店经销；北京百善印刷厂印刷
2008 年 9 月第 1 版，2014 年 11 月第 3 次印刷
787mm×1092mm　1/16；12.5 印张；323 千字；181 页
25.00 元

冶金工业出版社　投稿电话　(010)64027932　投稿信箱　tougao@ cnmip. com. cn
冶金工业出版社营销中心　电话　(010)64044283　传真　(010)64027893
冶金书店　地址　北京市东四西大街 46 号(100010)　电话　(010)65289081(兼传真)
冶金工业出版社天猫旗舰店　yjgy. tmall. com
（本书如有印装质量问题，本社营销中心负责退换）

前　言

　　本书为高职高专的教学用书，是按照教育部高职高专教育专业人才的培养目标和规格、应具有的知识与能力结构和素质要求，依据冶金行业高等院校"十一五"教材建设规划和"液压传动"课程教学大纲，同时，依据《中华人民共和国职业技能鉴定标准》，借鉴加拿大 CBE 理论和 DACUM 方法，根据生产现场情况和各岗位群技能要求进行编写的。本书借鉴和汲取了众多液压传动教材的优点和长处，以精练的语言讲述了液压传动的有关知识。在基本理论部分，介绍了液压传动常用的基本概念和参数，并力求避开高深的流体力学公式推导，使现场工作者容易理解和掌握；在液压元件部分，介绍了常用的液压泵、液压阀、液压缸、液压马达及各种液压辅助元件的工作原理和基本结构以及它们在使用中的常见故障与排除、拆装及修理方法；在液压控制回路部分，介绍了液压系统中常用的基本回路和冶金设备的一些实用控制回路，为读识液压系统图奠定基础；在液压传动系统举例部分，列举并分析了几个有代表性的冶金、矿山液压控制系统，使读者能初步掌握调压与限压、调速与限速、换向与顺序动作等读识液压系统图的基本要领。本书最后还介绍了液压设备的安装、调试与运转维护的有关技能。

　　本书在编写中，力求反映我国液压传动发展的新成果，统一采用法定单位和 1993 年国家技术监督局发布的 GB/T 786.1—93 规定的图形符号。

　　本书由河北工业职业技术学院孟延军、陈敏任主编，白玉伟、黄伟青、刘艳霞、马文英任副主编。参加编写工作的有：河北工业职业技术学院李永刚，高云飞，邯郸钢铁集团张瑞倩、石少冲、张胜红，石家庄钢铁公司李雷、谢文发、杨立科、陈文印以及新兴铸管股份有限公司翟义炜。

　　本书由河北工业职业技术学院袁建路教授、邯郸钢铁集团公司线材厂贾凤菊高级工程师主审，他们提出了许多宝贵意见，编者在此表示感谢。

　　由于编者水平所限，书中不妥之处，恳请广大读者批评指正。

编　者

2008 年 5 月

目 录

绪 言

任何机器就其本质而言，都是由能源装置、工作机构及中间传动机构三个部分组成。所谓传动，就是动力的传递。目前常用的传动类型有机械传动、电力传动、液压传动、液力传动和气体传动等。前三者在各种机器中应用最多。

机械传动是发展最早而应用最普遍的传动方式。但是随着生产的发展，机器功率越来越大，工艺过程也越来越复杂。比如组合机床的动力头和油压机的压头，在每个工作循环内的进给运动和出力大小，要求能随时间而作多次变化。这就使得机械传动装置的结构变得复杂、笨重，功率消耗大且难于远距离传递和操作。

电力机械和电控元件具有信号传递迅速、可远距离控制等特点，因而在实现生产过程自动化、机械化方面独具优势。但是，电气传动难于实现无级调速和低速运行，特别是电气元件受材料磁通密度饱和现象的限制，在每平方厘米面积上只能产生 $40 \sim 60N$（牛顿）的电磁力。因此，把它作为执行元件时，产生单位功率的体积或重量显得很大，即能容量小。

液压传动是以油或油水混合物作为工作介质（也可以说是传动件），通过液体的压力实现能量传递的传动方式。其应用和发展实践表明，它具有传动平稳，能在大范围内实现无级调速，便于实现复杂动作等优点。与机械传动、电气传动相比，它还有能容量大的特点。因此，在较小的重量和尺寸下，可以传递较大功率，易于获得很大的力或力矩。

上述三种主要的传动方式各具特色，若把它们巧妙地结合起来，则可相互配合、扬长避短、优势互补。因此，就出现了机 - 电 - 液一体化的现代化机械设备，成为工业化文明的重要标志。"机械（构件）是骨骼，电气是神经，液压是肌肉"，这个比喻形象而生动地说明了三者的重要作用和相互关系。

20 世纪 50 年代以后，工业生产向大型化、自动化方向发展，液压传动的应用已遍及国民经济的各个领域，成为机械行业中发展最快的技术之一。特别是近十几年来，与微电子、计算机技术相结合，使液压传动进入了一个崭新的发展时期。在冶金工业中，高炉料钟的启闭，高炉泥炮的回转、送进，电炉的炉体倾动与旋转、电极的升降与伺服控制；轧钢设备对轧件的推、拉、升、降、摆动、旋转等，越来越多地采用液压传动与控制技术来代替复杂的机械传动。在矿山及工程机械中，装载机、挖掘机、钻机、推土机等，基本上都用液压传动来完成繁重的装、卸、挖、推、吊等动作。在机床行业中，车床、铣床、刨床、磨床、锻压机床、组合机床、数控机床、仿形机床、自动线等，无不采用液压传动来提高其性能及自动化程度。由液压缸和液压马达驱动的各种机械手，能灵活地完成复杂的动作以代替人做频繁而笨重的劳动，并能在人无法忍受的高温、放射线、有害气体等恶劣的环境中工作。

液压传动是机械专业以及近机类专业的一门技术基础课。随着我国国民经济的发展，液压传动在各工业部门中必将会发挥越来越大的作用。因此，对于机械工程技术人员来说，掌握液压传动的基本知识是十分必要的。

1 液压传动概论

液压传动是机械设备中广泛采用的一种传动方式。它以液体作为工作介质,通过动力元件液压泵将原动机(如电动机)的机械能转换为液体的压力能,然后通过管道、控制元件(液压阀)把有压液体输往执行元件(液压缸或液压马达),将液体的压力能又转换为机械能,以驱动负载实现直线或回转运动,完成动力传递。

1.1 液压传动的工作原理

液压传动设备多种多样,它们的液压传动系统虽然各不相同,但是液压传动的工作原理是相同的。为了了解液压传动系统的工作原理,现以液压举升机构为例加以说明。举升机构是液压起重机、液压挖掘机、液压推土机和液压装载机等机械所必需的工作机构,高炉炉顶的大、小料钟的启闭装置及电炉炉体的倾动装置也和举升机构类似。

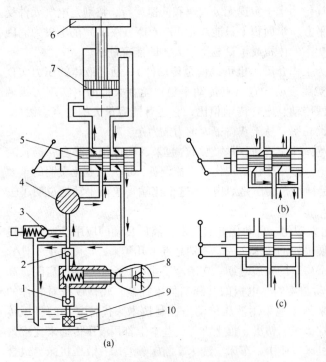

图 1-1 举升机构液压系统结构原理图
(a) 系统原理图;(b)、(c) 换向阀

1,2—单向阀;3—溢流阀;4—节流阀;5—换向阀;6—工作机构;
7—液压缸;8—液压泵;9—滤油器;10—油箱

图 1-1 是举升机构液压系统结构原理图。原动机带动液压泵 8 从油箱 10 经单向阀 1 吸油,并将有压力的油液经单向阀 2 输往系统。由液压泵输出的压力油是驱动举升机构升降的动力。

要使举升机构按照要求进行工作,必须设置相应的液压阀对实现举升动作的液压缸 7 的运动方向、运动速度和出力大小进行控制。

液压缸的运动方向由换向阀 5 来控制。当换向阀处于图 1-1a 所示位置时,从液压泵输出的压力油沿管路经节流阀 4 和换向阀阀芯左边环槽进入液压缸 7 的下腔。在压力油的作用下,活塞向上运动,推动工作机构实现举升动作。此时,液压缸上腔排出的油液经换向阀阀芯右边的环槽和管路流回油箱。如果扳动换向阀手柄使其阀芯移到左边位置,如图 1-1b 所示,则压力油就通过阀芯右边的环槽进入液压缸的

上腔,液压缸下腔排出的油液经阀芯左边的环槽流回油箱,此时,在重力和压力油的作用下,工作机构实现降落动作。如果扳动换向阀手柄使其阀芯处于中间位置,如图 1-1c 所示,则换

向阀各油口都被堵死，液压缸既不进油，也没有回油。举升机构停止动作。显而易见，控制换向阀阀芯与阀体的三个相对位置就控制了工作机构的举升、降落和停止三个动作。

液压缸的运动速度由节流阀 4 来控制。液压泵输出的压力油流经单向阀 2 后分为两路，一路经节流阀通向液压缸，另一路经溢流阀 3 流回油箱。节流阀像水龙头，拧动阀芯，改变其开口大小，就可改变通过节流阀进入液压缸的油液流量，以控制举升速度。

液压缸的出力大小由溢流阀来控制。调节溢流阀中弹簧的压紧力，就可控制液压泵输出油液的最高压力。最高压力决定着工作机构的承载能力。当举升的外负载超过溢流阀调定的承载能力时，则油液压力达到液压泵的最高压力，此时作用在钢球上的液压作用力将钢球顶开，压力油就通过溢流阀 3 和回油管直接流回油箱，油液压力不会继续升高。所以，溢流阀在这里同时起着使系统具有过载安全保护的作用。

图 1-1 中 9 为滤油器，液压泵从油箱吸入的油液先经过滤油器过滤，清除杂质污物以保护系统中各阀门不被堵塞。

1.2 液压系统的图形符号

在图 1-1 所示的液压系统原理图中，组成系统的各个液压元件的图形基本上表示了它们的结构原理，称为结构式原理图。结构式原理图近似实物，直观易懂，当液压系统出现故障时，分析起来也比较方便。但它不能全面反映元件的职能作用，且图形复杂难于绘制，当系统元件数量多时更是如此。为了简化液压系统原理图的绘制，使分析问题更方便，我国于 1965 年发布了液压系统图形符号国家标准（GB 786—65），以后又经修订，但与国际标准尚有差异。为了便于参与国际交流及合作，国家技术监督局参照国际 ISO 291—1—1991 规定，于 1993 年又发布了液压气动图形符号国家标准（GB/T 786.1—93），以代替（GB 786—76）。这些图形符号，只表示元件的职能、操作方式及外部连接通路，不表示元件的具体结构和参数，也不表示连接口的实际位置和元件的安装位置。

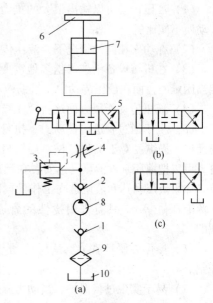

图 1-1 所示的举升机构液压系统结构原理图，用图形符号表示如图 1-2 所示，显然它要比图 1-1 简单明了得多。GB/T 786.1—93 还规定，符号均表示元（辅）件的静止位置或零位置。所以，在图 1-2a 中换向阀 5 处于中间位置，即相当图 1-1c 的职能，此时，换向阀的进油口、回油口以及通往液压缸的两油口，均被阀芯堵死。液压泵输出的全部油液通过溢流阀 3 流回油箱，工作机构不动。若操纵手柄将换向阀阀芯推向右端，则油路连通情况如图 1-2b 所示，即相当图 1-1a，这时液压缸 7 下腔进压力油，上腔回油，液压缸活塞带动工作机构向上举升；若将换向阀芯推至左端，油路就如图 1-2c 所示，即相当于图 1-1b，工作机构向下降落。溢流阀 3 上的虚线代表控制油源来自液压泵的输出油路，当液压泵的输出油压作用力能够克服弹簧力时，即压下溢流阀芯，使液压泵出口与回油管构成通路实现溢流。

图 1-2 用图形符号表示的
液压系统原理图

（a）系统原理图；（b）、（c）换向阀
1，2—单向阀；3—溢流阀；4—节流阀；
5—换向阀；6—工作机构；7—液压缸；
8—液压泵；9—滤油器；10—油箱

液压系统的图形符号是液压传动的工程语言，是设计和分析液压系统的工具。在后面的章节中研究每一种液压元（辅）件时，必须在弄清它们的结构及工作原理的基础上，熟练掌握其图形符号的意义。本书书末附录中介绍了常用液压图形符号，供读者参考。

1.3 液压系统的组成

从图 1-1 可以看出，液压传动系统由以下 5 个部分组成：

（1）动力元件。即液压泵，它是将原动机输入的机械能转换为液压能的装置，其作用是为液压系统提供压力油，是系统的动力源。

（2）执行元件。包括液压缸和液压马达，两者统称为液动机。它是将液压能转换为机械能的装置，其功用是在压力油的作用下实现直线运动或旋转运动。

（3）控制元件。如溢流阀、节流阀、换向阀等各种液压控制阀，其功用是控制液压系统中油液的压力、流量和流动方向，以保证执行元件能完成预定的工作。

（4）辅助元件。如油箱、油管、滤油器、蓄能器等，在液压系统中起储油、连接、过滤、储存压力能等作用，以保证液压系统可靠稳定地工作。

（5）工作介质。即液压传动液体，液压系统就是以液体作为工作介质来实现运动和动力的传递。

1.4 液压传动的特点

液压传动在工程机械、矿山机械、冶金机械、机床工业、轻工机械、农业机械等工业部门都有着广泛的应用。之所以如此，是因为它与其他传动形式相比有着许多优点。

（1）液压传动可以输出很大的推力或转矩，可以实现低速大吨位运动，这是其他形式的传动所不能比的。

（2）在功率相同的情况下，液压传动装置体积小、重量轻、结构紧凑。

（3）在机械设备中越来越多地需要实现直线运动，这对机械传动和电气传动来说，都是相当困难的，而在液压传动中，借助液压缸可以轻而易举地实现直线运动。

（4）液压传动能很方便地实现无级调速，调速范围大，而且低速性能好。

（5）由于通过管道传递动力，执行机构及控制机构在空间位置上便于安排，易于合理布局及统一操纵。对于工程机械、运输机械、冶金机械等体积大、工作机构多且分散的机械设备，可以把液压缸、液压马达安置在远离原动机的任意方便的位置，不需中间的机械传动环节。如果液压马达和液压缸在工作的同时其本身的位置也需变动（如液压起重机、挖掘机的起落液压缸等），只需采用挠性的管道——高压软管——就可以了。这是机械传动难于实现的。

（6）操作方便且省力。液压传动与电气或气压传动相配合易于实现自动控制和远距离控制。

（7）易于实现过载保护。当动力源发生故障时，液压系统可借助蓄能器实现应急动作。

（8）液压传动的运动部件和各元件都在油液中工作，能自行润滑，工作寿命长。各运动副表面发热后，热量被油液带去，便于散热。

（9）液压元件已实现系列化、标准化、通用化，便于设计和安装，维修也较方便。

任何事物都是一分为二的，液压传动也不是一切都好，不可能完全取代电力传动与机械传动。因为它也有明显的弱点：

（1）各液压元件的相对运动表面不可避免地产生泄漏，同时油液也不是绝对不可压缩，加上管道的弹性变形，液压传动难于得到严格的传动比，不宜用于定比传动。

（2）液压油黏度受温度变化的影响较大，从而影响传动精度和机器性能。

（3）空气渗入液压系统后容易引起系统工作不正常，如机器发生振动、爬行和噪声等不良现象。

（4）液压系统发生故障不易检查和排除，要求检修人员有较高的技术水平。

综合上述，液压传动的优点远多于其缺点。正因为如此，它在和电力传动、机械传动的竞争中不断发展和完善，在各工业领域中应用得越来越广泛；其缺点将随着工业水平的发展而逐渐得到克服和弥补。

思 考 题

1-1 何谓"液压传动"？试述液压举升机构的工作原理。

1-2 液压传动由哪几部分组成，它们各有什么作用？

1-3 液压传动有哪些优缺点？

2 液压传动的基本概念和常用参数

2.1 液压油的物理性质

在液压系统中，液压油是传递功率和信号的工作介质，同时，又是液压元件的润滑剂。液压系统在工作中产生的热量大部分要靠流动的液压油带走从而起到冷却作用，在工作中产生的磨粒和来自外界的污染物也要靠液压油带走，因此它又起到排污作用。液压油的黏性对减少间隙处的泄漏，保证液压元件的密封性也有着重要作用。

液压系统中常用的工作介质（包括液压油、液压液及代用液压油）可分为石油型、乳化型和合成型三大类。若按易燃和抗燃分类，则石油基油属易燃型介质，乳化液和合成油属难燃型介质。

2.1.1 液体的密度

液体单位体积内的质量称为密度，通常用符号"ρ"来表示：

$$\rho = \frac{m}{V} \tag{2-1}$$

式中　　m——液体的质量，kg；

　　　　V——液体的体积，m^3。

液压油的密度随压力的增加而加大，随温度的升高而减小，但变化幅度很小。在常用的压力和温度范围内可近似认为其值不变，一般取 $\rho = 900\text{kg/m}^3$。

2.1.2 液体的黏性

液体在外力作用下流动时，液体分子间的内聚力会阻碍其产生相对运动，即在液体内部的分子间产生了内摩擦力。这种在流动的液体内部产生的摩擦力的性质，称为液体黏性。静止液体不呈现黏性。

液体黏性的大小用黏度来度量。黏度大，液层间内摩擦力就大，油液就"稠"；反之，油液就"稀"。液压传动中常用的油液黏度可分别用动力黏度、运动黏度和相对黏度来表示。

通常，黏度用运动黏度 ν 来表示。在国际单位制中 ν 的单位是 m^2/s，而在实用上标定油的黏度目前习惯上以 cm^2/s 的百分之一来表示，称为 cSt（厘 或厘斯）。1cSt = 1mm^2/s。

在工程中，采用40℃时运动黏度的平均值（cSt 或 mm^2/s）作为液压油的产品名称的主要内容。如 L-HM32 抗磨液压油就表明该油在40℃运动黏度的平均值为32mm^2/s。

高标号的液压油适合在高压下使用，可以得到较高的容积效率。在高温条件下工作时，为了不使油的黏度过低，也应采用高标号的液压油。相反，温度低时采用低标号的液压油。泵的进口吸入条件不好时（压力低，阻力大），也要采用低标号液压油。

压力对黏度有一定影响。当液体受的压力增大时，其内部分子的间距会缩小，因此液体的内摩擦力加大。但实际上，若液压系统的压力不高（一般小于10MPa）时，压力对黏度的影响很小，通常可忽略不计。

液压油的黏度对温度比较敏感。温度升高将使液压油的黏度明显下降，反之，则黏度增大。液压油的黏度变化将会直接影响液压系统的工作性能和泄漏量，为此，最好采用黏度受温度变化影响较小（或称黏温特性较好）的油液。有时在油箱内设置温度控制装置（如加热器或冷却器），也正是为了控制和调节油温，以减小液压油的黏度变化。

2.1.3 液体的可压缩性

液体受压力作用而体积减小的性质称为液体的可压缩性，液压油具有可压缩性，即指受压后其体积会发生变化。液压油可压缩性的大小用压缩系数 β 来表示，其表达式为

$$\beta = -\frac{1}{\Delta p} \cdot \frac{\Delta V}{V} \tag{2-2}$$

式中 Δp——液压油所受压力的变化量，Pa；

       ΔV——压力变化时液压油体积变化量，m^3；

       V——压力变化前液压油的体积，m^3。

压力增大时液压油体积减小，反之增大。为保持压缩系数 β 为正值，上式中加一负号。常用液压油的压缩系数 β 值为 $(5 \sim 7) \times 10^{-10} m^2/N$。压缩系数 β 的倒数为液压油的体积弹性模量 K，即

$$K = \frac{1}{\beta} \tag{2-3}$$

对于不混入空气的石油型液压油的体积弹性模量 $K = 1.4 \sim 2 GPa$，显然，其刚性比空气大得多，即压缩系数很小。为此，在工程上可认为液压油是不可压缩的。液压设备的执行机构工作时之所以工作速度平稳而噪声很小，就是因为其压缩系数极小，有很大刚性。

若在液压油内部溶解有 3% ~ 10% 的空气，当油液流经节流口等狭窄缝隙或泵的吸入口等真空地带时，由于流速突然变大或供油不足使油液的压力迅速降低，从而使已溶解在油中的空气析出而形成气泡；另外，液压系统中总会混入一定的空气，由于空气的可压缩性很大，内部存在空气的油液的体积弹性模量 K 将会显著减小，这将引起液压系统中的执行机构出现爬行或颤抖的现象，影响执行机构的运动平稳性。为此，应保证液压系统良好的密封性能，并在液压缸的最上端位置设置排气装置及时排除空气，以避免油液中混入大量空气，影响液压系统的性能。

2.1.4 液压油的选择

液压油的选择，首先是油液品种的选择。选择油液品种时，可根据是否液压专用、有无起火危险、工作压力及工作温度范围等因素进行考虑。

液压油的品种确定之后，接着就是选择油的黏度等级。黏度等级的选择是十分重要的，因为黏度对液压系统工作的稳定性、可靠性、效率、温升以及磨损都有显著的影响。在选择黏度时应注意液压系统在以下几方面的情况：

（1）工作压力。工作压力较高的系统宜选用黏度较大的液压油，以减少泄漏。

（2）运动速度。当液压系统的工作部件运动速度较高时，宜选用黏度较小的液压油，以减轻液流的摩擦损失。

（3）环境温度。环境温度较高时宜选用黏度较大的液压油。

在液压系统的所有元件中，以液压泵对液压油的性能最为敏感。因为泵内零件的运动速度最高，工作压力也最高，且承压时间长，温升高。因此，常根据液压泵的类型及其要求来选择

液压油的黏度。

2.1.5　液压油的污染及控制

在从事液压技术的工作实践中，人们总结出一句名言——百分之八十的故障来源于液压油和液压系统中的污染。可见液压油的污染对液压系统的性能和可靠性有很大影响，故应高度重视液压油的污染问题，并对此加以严格控制。

使液压油污染的物质有切屑、铸造砂、灰尘、焊渣等固体污染物，有水分、清洗油等液体污染物，还有从大气混入空气或从液压油中分离出来的空气等气体污染物。这些污染物往往是在液压元件或油箱的制造、运输、组装及清洗过程中存留在系统内并造成油液污染的。针对这些污染途径，可采用以下措施对液压油的污染加以控制：

（1）液压管路和油箱在使用前，应先用煤油或其他溶剂进行清洗，然后用系统所用液压油进行清洗。

（2）液压元件在制造和组装中应注意清洗和保洁，尤其是拆卸维修后重装时，特别要注意防止切屑等杂质进入元件内部。

（3）采用过滤方法滤掉加入油箱和吸入油泵从而进入系统的液压油中的杂质。

（4）为避免或减少油液使用中再被污染，要保证液压系统良好的密封性以防止灰尘进入，要避免油温过高以防止油液老化变质，以及要注意油位不可过低以防止因吸油困难而造成气蚀等。

（5）定期更换油箱中的油液。

2.2　液压传动中的压力

液压传动中所说的压力概念是指密封容腔中液体单位面积上受到的作用力即压力强度。压力强度在物理学中简称压强，在液压传动中称压力。

2.2.1　压力单位

如图 2-1 所示，若法向作用力 F 均匀地作用在静止液体中某一面积为 A 的平面上，则容器内就产生一个压力 p。

$$p = \frac{F}{A} \tag{2-4}$$

压力 p 的单位为（Pa）帕，也称为 N/m^2（牛/米^2）。而目前工程上常用 MPa（兆帕）作为压力单位，$1MPa = 10^6Pa$。工程上我国曾长期采用过的单位为 kgf/cm^2，即 $1kgf/cm^2 = 9.0867 \times 10^4Pa$。它们换算关系是：

$$1MPa = 1MN/m^2 = 10.2kgf/cm^2 \approx 10kgf/cm^2$$

2.2.2　压力的度量

若以绝对零压为基准来度量的液体压力，称为绝对压力；若以大气压为基准来度量的液体压力，称为相对压力。相对压力也称为表压力。由图 2-2 可见，它们与大气压的关系为

$$绝对压力 = 相对压力 + 大气压$$

在一般液压系统中，某点的压力通常指的都是表压力。凡是用压力表测出的压力，也都是表压力。

若某液压系统中绝对压力小于大气压，我们称该点出现了真空，其真空的程度用真空度表示（见图2-2）。

$$真空度 = 大气压力 - 绝对压力$$

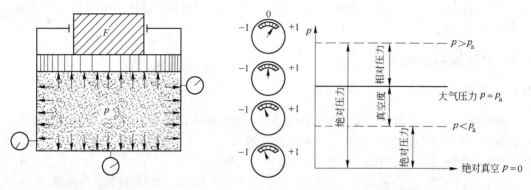

图 2-1 密闭容器壁上的压力都相等 　　　　图 2-2 压力的度量

2.2.3 压力的传递

在图 2-1 中，当面积为 A 的活塞上施加的重力 F 时，液体内部即产生压力 $p = F/A$，我们在缸壁上任意点接通压力表 Ⅰ、Ⅱ、Ⅲ 测量得到压力值都是相同的。这就是说，施加于静止液体上的压力将以等值传到各点。这就是静压传递原理或称帕斯卡原理。

把图 2-1 的密封容器扩展为图 2-3 所示的连通器，把一定的力施加在小柱塞泵上，在连通器内的各点，也产生同样压力 $p = F/A_1$。由于大活塞面积 A_2 远远大于小活塞 A_1，所以液体作用于大活塞上的力将远远大于施加于小活塞上的外力。当施加外力增大到一定数值（$pA_2 \geqslant W$）时，重物即上移。把这个连通器进一步完善，即成为图 2-4 所示的简单液压机械——液压千斤顶。由此可见，液压传动的理论基础是帕斯卡原理，主要以液体的压力传递动力。

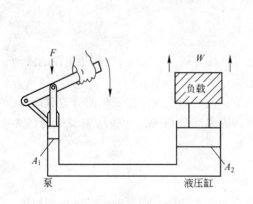

图 2-3 连通器示意图

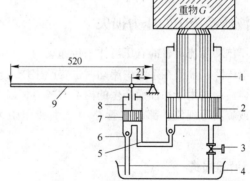

图 2-4 液压千斤顶示意图

1—大油缸；2—大活塞；3—放油塞；4—油箱；5—管道；
6—单向阀；7—小活塞；8—小油缸；9—手柄

2.2.4 液压系统中工作压力与负载的关系

从液压千斤顶的实例中可知，只有当大活塞上有重物 G（负载）时，小手柄施加给小

活塞的力 F 才能对液体产生"前堵后推"的作用，使千斤顶的液体的体积受挤压，从而产生压力 p。若移去重物，即负载为零，则液体在失去"前堵"的情况下，"后推"的力无法使其受挤压，因此压力也为零。显然，负载愈大，压力愈大；负载愈小，压力愈小；负载为零，压力也为零。因此可以获得液压传动的第一个基本概念：液压系统中的工作压力取决于负载。

2.3　液压传动中的流量

2.3.1　流速与流量

液压传动是靠流动着的有压液体来传递动力，油液在油管或液压缸内流动的快慢称为流速。由于流动的液体在油管或液压缸的截面上的每一点的速度并不完全相等，因此通常说的流速都是平均流速。流速的单位在 SI 中为 m/s，用 v 表示。

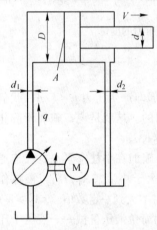

图2-5　简单液压系统

单位时间内流过某通流截面的液体的体积称为流量，用 q 表示，流量的单位在 SI 中为 m^3/s，工程上过去用 L/min（升/分）。

2.3.2　流量与液压缸速度

如图 2-5 所示，液压系统中的流量常指通过油管进入液压缸的流量。以流量为 q（m^3/s）的液体进入液压缸推动活塞运动，取移动的活塞表面积为通流截面 A（m^2），显然液压缸中的液体流动速度与活塞运动速度相等，且为液体平均流速 v，所以活塞的运动速度为：

$$v = q/A \tag{2-5}$$

对于一般的液压缸而言，活塞面积 A 是不变的，因而由上式可以得到液压传动的第二个基本概念：液压缸（或活塞）的运动速度取决于进入液压缸的流量。

2.4　液压系统中的压力损失

液压传动靠流动着的有压液体来传递动力。和电气系统类似，电流沿导线和用电器的流动要产生电压降，油液在系统中流动时也要产生压力损失。

液体流动时由于黏性而产生的内部摩擦力，以及液体流过弯头或突然变化的管道截面时，因碰撞或旋涡等现象，都会在管路中产生液压阻力，造成能量损失，这些损失表现为压力损失。

2.4.1　沿程损失

液体在等径直管中流动时，由于液体内部的摩擦力而产生的能量损失称为沿程压力损失，其计算公式为：

$$\Delta p_{沿} = \lambda \rho \frac{l}{d} \frac{v^2}{2} \tag{2-6}$$

式中　λ——沿程阻力系数；

　　　ρ——液体的密度；

　　　l——管道长度；

d——管道的内径；

v——液体的流速。

式 (2-6) 表明，油液在直管中流动时的沿程损失与管长成正比，与管子内径成反比，与流速的平方成正比。管道越长，管径越细，流速越高，则沿程阻力损失越大。

2.4.2 局部损失

液体流过弯头、各种控制阀门、小孔、缝隙或管道面积突然变化等局部阻碍时，会因流速、流向的改变而产生碰撞、旋涡等现象而产生的压力损失称为局部压力损失，其计算公式为：

$$\Delta p_{局} = \xi \frac{\rho v^2}{2} \tag{2-7}$$

式 (2-7) 表明，局部压力损失与流速的平方成正比。ξ 为局部压力损失系数。

2.4.3 管路系统的总压力损失

整个管路系统的总压力损失，等于管路系统中所有的沿程压力损失和所有的局部压力损失之和，即：

$$\Sigma \Delta p = \Sigma \Delta p_{沿} + \Sigma p_{局} \tag{2-8}$$

压力损失涉及的参数众多，计算烦琐复杂，在工厂很少计算。实践中多采用近似估算的办法。将泵的工作压力取为油缸工作压力的 1.3 ~ 1.5 倍，系统简单时取较小值，系统复杂时取较大值。

管路系统的压力损失使功率损耗，油液发热，泄漏增加，降低系统性能和传动效率。因此，在设计和安装时要尽量注意减小它，常见措施有：

(1) 缩短管道，减小截面变化和管道弯曲。

(2) 管道截面要合理，以限制流速，一般情况下，吸油管的流速小于 1m/s；压油管为 2.5 ~ 5m/s；回油管小于 2.5m/s。

2.4.4 压力损失的危害及可利用之处

管路总的压力损失增大，势必会降低系统的效率，增加能量消耗。而这些损耗的能量大部分转换为热能，使油液的温度上升，泄漏量加大，影响液压系统的性能，甚至可能使油液氧化而产生杂质，造成管道或阀口堵塞而使系统发生故障。

要减少系统的压力损失，可采取减小液体的流速，减少管道的弯头和过流断面的变化，缩短管道的长度以及降低管道内壁的表面粗糙度等措施。当然，液体的流动速度也不能太小，否则在流量不变的情况下势必造成系统中各元件尺寸加大，成本上升。

在液压系统中，流动液体的压力损失尽管对系统的效率、泄漏和工作性能有不良影响，但是只要我们在管路的设计和安装时予以充分考虑，完全可以把它控制在较小的数值范围内。实际上，一个设计正确的液压系统的压力损失和系统使用的工作压力相比，数值是很小的，它并不影响我们对液压传动工作原理的分析。压力损失也具有两面性，利用它可以对液压系统的工作进行有效的控制，确切地说，阻力效应是许多液压元件工作原理的基础。溢流阀、减压阀、节流阀都是利用小孔及缝隙的液压阻力来进行工作的，而液压缸的缓冲也是依赖缝隙的阻尼作用。

2.5　液压冲击和气穴现象

2.5.1　液压冲击

概念：在液压系统中，常常由于某些原因而使液体压力突然急剧上升，形成很高的压力峰值，这种现象称为液压冲击。

原因：阀门突然关闭或液压缸快速制动等。

危害：系统中出现液压冲击时，液体瞬时压力峰值可以比正常工作压力大好几倍。液压冲击会损坏密封装置、管道或液压元件，还会引起设备振动，产生很大噪声。有时，液压冲击使某些液压元件如压力继电器、顺序阀等产生误动作，影响系统正常工作。

措施：

（1）延长阀门关闭和运动部件制动换向的时间。

（2）限制管道流速及运动部件速度。

（3）适当加大管道直径，尽量缩短管路长度。必要时还可在冲击区附近安装蓄能器等缓冲装置来达到此目的。

（4）采用软管，以增加系统的弹性。

2.5.2　气穴

概念：在液压系统中，如果某处的压力低于空气分离压时，原先溶解在液体中的空气就会分离出来，导致液体中出现大量气泡的现象，称为气穴。如果液体中的压力进一步降低到饱和蒸气压时，液体将迅速气化，产生大量蒸气泡，这时的气穴现象将会愈加严重。

危害：当液压系统中出现气穴现象时，大量的气泡破坏了液流的连续性，造成流量和压力脉动，气泡随液流进入高压区时又急剧破灭，以致引起局部液压冲击，发出噪声并引起振动，当附着在金属表面上的气泡破灭时，所产生的局部高温和高压会使金属剥蚀，这种由气穴造成的腐蚀作用成为气蚀。

措施：

（1）减小小孔或缝隙前后的压力降。

（2）降低泵的吸油高度，适当加大吸油管内径，限制吸油管流速，尽量减少吸油管路中的压力损失（如及时清洗过滤器）。

思　考　题

2-1　试述液体静压力的传递原理。

2-2　试述液压传动的两个重要概念。

2-3　试述压力损失的分类，并分别写出各类压力损失的表达式。如何减小压力损失？

2-4　液压油中混入空气会产生什么后果？

2-5　液压冲击和气穴现象是怎样产生的，有何危害，如何防止？

3 液 压 泵

3.1 液压泵概述

液压泵是液压系统的动力元件,是压力和流量的发生器。在原动机(电机或柴油机)的驱动下,液压泵将输入的机械能转换为液体的压力能,向液压系统提供具有一定压力和流量的压力油,通过控制元件(液压阀)推动执行元件(液压缸或液压马达)实现直线运动或回转运动。液压泵是液压系统的能量转换装置。

3.1.1 液压泵工作原理及构成条件

液压传动系统中使用的液压泵都是容积式泵,是靠密封容积的变化来实现吸油和压油的,其工作原理如图 3-1 所示。

当偏心轮 1 由原动机带动旋转时,柱塞 2 做往复运动。柱塞右移时,弹簧 3 使之从密封工作腔 4 中推出,密封容积逐渐增大,形成局部真空,油箱中的油液在大气压力作用下,通过单向阀 5 进入工作腔 4,这是吸油过程。当柱塞左移被偏心轮压入工作腔时,密封容积逐渐减小,使腔内油液打开单向阀 6 进入系统,这是压油过程。偏心轮不断旋转,泵就不断地吸油和压油。

上述单个柱塞泵工作原理也适合各种容积式液压泵,其构成条件是:

(1)必须有若干个密封且可周期性变化的空间。液压泵的理论输出流量与此空间的容积变化量及单位时间内变化次数成正比,且和其他因素无关。

(2)油箱内的液体绝对压力恒等于或大于大气压力,为了能正确吸油,油箱必须与大气相通或采用充气油箱。

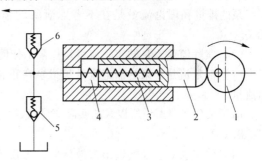

图 3-1 容积泵的工作原理
1—偏心轮;2—柱塞;3—弹簧;
4—密封工作腔;5,6—单向阀

(3)必须有合适的配流装置,目的是将吸油和压油腔隔开,保证液压泵有规律地连续地吸油、排油。液压泵结构原理不同,其配流装置也不同。图 3-1 是采用两个止回阀实现配流的。

常用液压泵的图形符号见表 3-1。

表 3-1 GB/T 786.1—93 摘录

定 量 液 压 泵		变 量 液 压 泵	
单向定量泵	双向定量泵	单向变量泵	双向变量泵

3.1.2　液压泵的主要性能参数

3.1.2.1　液压泵的压力

（1）工作压力。液压泵的工作压力是指泵工作时输出油液的实际压力。泵的工作压力取决于外界负载，外界负载增大，泵的工作压力也随之升高。

（2）额定压力。泵在正常工作条件下，按试验标准规定能连续运转的最高压力称为泵的额定压力。泵的额定压力大小受泵本身的泄漏和结构强度所制约。当泵的工作压力超过额定压力时，泵就会过载。

由于液压传动的用途不同，系统所需要的压力也不相同，为了便于液压元件的设计、生产和使用，将液压泵压力分为几个等级，列于表 3-2 中。

表 3-2　液压泵压力分级

压力等级	低　压	中　压	中高压	高　压	超高压
压力/MPa	≤2.5	>2.5~8	>8~16	>16~32	>32

3.1.2.2　排量和流量

（1）排量。由泵的密封容腔几何尺寸变化计算而得到的泵的每转排油体积称为泵的排量。排量用 V 表示，其常用单位为 mL/r。

（2）理论流量。由泵的密封容腔几何尺寸变化计算而得到的泵在单位时间内的排油体积称为泵的理论流量。泵的理论流量等于排量和转速的乘积，即

$$q_{Vt} = Vn \tag{3-1}$$

泵的排量和理论流量是在不考虑泄漏的情况下由计算所得的量，其值与泵的工作压力无关。

（3）实际流量。泵的实际流量是指泵工作时的实际输出流量。

（4）额定流量。泵的额定流量是指泵在正常工作条件下，按试验标准规定必须保证的输出流量。

由于泵存在泄漏，所以泵的实际流量或额定流量都小于理论流量。

3.1.2.3　功率

（1）输出功率。泵的输出为液压能，表现为压力 p 和流量 q_V。当忽略输送管路及液压缸中的能量损失时，液压泵的输出功率应等于液压缸的输入或输出功率，即

$$P_o = Fv = pAv = pq_V \tag{3-2}$$

式（3-2）表明，在液压传动系统中，液体所具有的功率，即液压功率等于压力和流量的乘积。

（2）输入功率。液压泵的输入功率为泵轴的驱动功率，其值为

$$P_i = 2\pi nT_i \tag{3-3}$$

式中，T_i 为液压泵的输入转矩，n 为泵轴的转速。

液压泵在工作中，由于有泄漏和机械摩擦，就有能量损失，故其输出功率小于输入功率，即 $P_o < P_i$。

3.1.2.4　效率

液压泵在能量转换过程中必然存在功率损失，功率损失可分为容积损失和机械损失两部分。

容积损失是因泵的内泄漏造成的流量损失。随着泵的工作压力的增大，内泄漏增大，实际

输出流量 q 比理论流量 q_i 减少。泵的容积损失可用容积效率 η_V 表示，即

$$\eta_V = q/q_i \tag{3-4}$$

各种液压泵产品都在铭牌上注明在额定工作压力下的容积效率 η_V。

液压泵在工作中，由于泵内轴承等相对运动零件之间的机械摩擦以及泵内转子和周围液体的摩擦和泵从进口到出口间的流动阻力也产生功率损失，这些都归结为机械损失。机械损失导致泵的实际输入转矩 T_i 总是大于理论上所需的转矩 T_t，两者之比称为机械效率，以 η_m 表示，即

$$\eta_m = T_t/T_i \tag{3-5}$$

液压泵的总效率等于容积效率与机械效率的乘积，即

$$\eta = \eta_V \cdot \eta_m \tag{3-6}$$

3.2 齿轮泵

齿轮泵是一种常用的液压泵。它的主要优点是结构简单，制造方便，价格低廉，体积小，重量轻，自吸性能好，对油的污染不敏感，工作可靠，便于维护修理。又因齿轮是对称的旋转体，故允许转速较高。其缺点是流量脉动大，噪声大，排量不可调（定量泵）。

齿轮泵有外啮合和内啮合两种结构形式。本节着重介绍外啮合齿轮泵的工作原理和结构性能。

3.2.1 齿轮泵工作原理

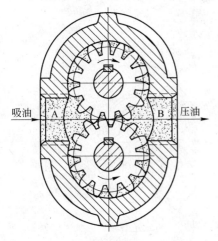

图 3-2 齿轮泵工作原理图

齿轮泵的工作原理可用图 3-2 说明。在泵的壳体内装有一对齿数相同的外啮合齿轮，齿轮及壳体两侧面由端盖密封（图中未画出）。壳体、端盖和齿轮的各个齿间形成了密封工作腔，两个齿轮的齿向啮合线又把密封容腔分隔为左右两个互不相通的吸油腔 A 与压油腔 B。当齿轮按图示方向旋转时，左侧吸油腔由于相互啮合的齿轮逐渐脱开，密封工作容积逐渐增大，形成局部真空，油箱中的油液在大气压力作用下，经吸油管被吸入该腔的齿间，泵即实现吸油。随着齿轮的旋转，吸入齿间的油液被带到右侧，而在右侧压油腔，各齿轮逐渐啮合，使齿间的密封容积逐渐减小，油液被迫从压油管挤出去，泵即实现压油。当齿轮不断地转动时，油液便不断地经吸油腔吸入，从压油腔输出，连续地向系统提供压力油。齿轮泵只能做成定量泵。

3.2.2 CBN 型齿轮泵的结构

CBN 型齿轮泵的结构是我国自行设计的一种结构简单、性能良好的一种高压油泵。图 3-3 是其外形结构，图 3-4 是其内部立体结构，图 3-5 则是其内部结构装配图。CBN 型齿轮泵用了分离三片式结构。三片是指前盖 3、泵体 1 和后盖 13。主动齿轮轴 6 由电动机带动旋转。泵的前盖和后盖与泵体靠两个定位销定位，用螺钉紧固连接。主动齿轮轴 6 与被动齿轮 8 两端采用了两个都能浮动的整体轴套 2。在轴套背面设有 "3" 形高压油槽与高压油相通并与泵工作压力同步升高，以保证轴套与齿轮副端面有良好的贴切配合，这就叫做液压补偿。液压补偿可以有效地减小泵的轴向间隙泄漏，使泵在高压下工作。

图 3-3 CBN 系列齿轮泵外观

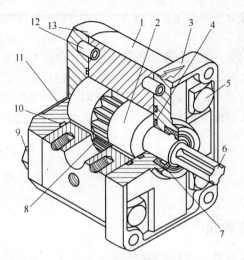

图 3-4 CBN 型泵内部结构

1—泵体；2—轴套；3—前盖；4，10—密封圈；5—螺栓；
6—主动齿轮轴；7—油封；8—被动齿轮；9—螺母；
11—标牌；12—定位销；13—后盖

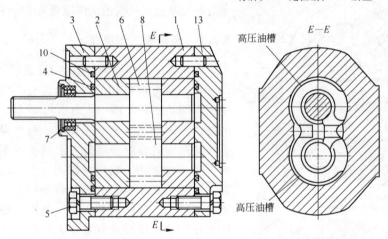

图 3-5 CBN 泵的内部结构装配图

3.2.3 外啮合齿轮泵在结构上存在的几个问题

3.2.3.1 困油现象

齿轮泵要平稳工作，齿轮啮合的重叠系数必须大于 1，于是总有两对轮齿同时啮合，并有一部分油液被围困在两对轮齿所形成的封闭空腔之间，如图 3-6 所示。这个封闭的容积随着齿轮的转动在不断地发生变化。封闭容腔由大变小时，被封闭的油液受挤压并从缝隙中挤出而产生很高的压力，油液发热，并使轴承受到额外负载；而封闭容腔由小变大，又会造成局部真空，使溶解在油中的气体分离出来，产生气穴现象。这些都将使泵产生强烈的振动和噪声。这就是齿轮泵的困油现象。

消除困油的方法，通常是在两侧盖板上开卸荷槽（如图 3-6 虚线所示），使封闭腔容积减少时与压油腔相通，容积增大时与吸油腔相通。

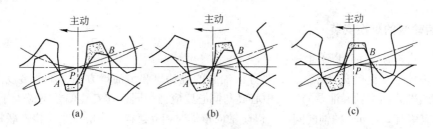

图 3-6　齿轮泵困油现象

3.2.3.2　径向不平衡力

齿轮泵工作时，作用在齿轮外圆上的压力是不均匀的。在压油腔和吸油腔，齿轮外圆分别承受着系统工作压力和吸油压力；在齿轮齿顶圆与泵体内孔的径向间隙中，可以认为油液压力由高压腔压力逐级下降到吸油腔压力。这些液体压力综合作用的合力相当于给齿轮一个径向不平衡作用力，使齿轮和轴承受载。工作压力愈大，径向不平衡力越大，严重时会造成齿顶与泵体接触，产生磨损。

通常采取缩小压油口的办法来减小径向不平衡力，使高压油仅作用在一个到两个齿的范围内。

3.2.3.3　泄漏

外啮合齿轮泵高压腔（压油腔）的压力油向低压腔（吸油腔）泄漏有三条路径。一是通过齿轮啮合处的间隙；二是泵体内表面与齿顶圆间的径向间隙；三是通过齿轮两端面与两侧端盖间的端面轴向间隙。三条路径中，端面轴向间隙的泄漏量最大，约占总泄漏量的70% ~ 80%左右。因此，普通齿轮泵的容积效率较低，输出压力也不容易提高。要提高齿轮泵的压力，首要的问题是要减小端面轴向间隙。

3.2.4　提高外啮合齿轮泵压力的措施

要提高外啮合齿轮泵的工作压力，必须减小端面轴向间隙泄漏，一般采用齿轮端面间隙自动补偿的办法来解决这个问题。齿轮端面间隙自动补偿原理，是利用特制的通道，把泵内压油腔的压力油引到浮动轴套外侧，作用在一定形状和大小的面积（用密封圈分隔构成）上，产生液压作用力，使轴套压向齿轮端面这个液压力的大小必须保证浮动轴套始终紧贴齿轮端面，减小端面轴向间隙泄漏，达到提高工作压力的目的。

目前的浮动轴套型和浮动侧板型高压齿轮泵就是根据上述原理设计制造的。

3.2.5　常见齿轮泵的类型及性能

齿轮泵具有结构简单、工作可靠、维修方便等优点，在工业生产各领域内得到广泛应用。常见类型如下：

（1）CB-B 型低压齿轮泵。CB-B 型齿轮泵是一种轴向间隙固定的低压齿轮泵。该泵额定压力为 2.5MPa，排量为 2.5 ~ 125mL/r，转速为 1450r/min 常用于低压系统和润滑系统。

（2）CB 型中高压齿轮泵。CB 型齿轮泵是一种泵用浮动轴套来实现轴向间隙自动补偿的典型中高压齿轮泵。该泵的额定压力为 10MPa，排量为 32 ~ 100mL/r，转速为 1450r/min，容积效率在 0.9 以上。

（3）CBN 型高压齿轮泵结构已在 3.2.2 节中介绍。该泵的额定压力为 16MPa，排量为 6 ~ 63mL/r，转速为 2000r/min，容积效率大于 0.91。

3.2.6　齿轮泵的更换安装

安装齿轮泵时应注意以下事项：

（1）齿轮泵在更换安装时，首先要分清油泵的进油口和出油口方向，不能装反。传动电机（或内燃机）的主轴和油泵的主轴中心高与同心度应当相同，其安装偏差不应大于0.1mm。同时轴端应留有2~3mm的轴向间隙，以防轴向窜动时相互碰撞，一般应采用挠性联轴器。

（2）泵的安装位置，相对油箱的高度不得超过规定的吸油高度，一般应在0.5m以下。泵的吸油管不能漏气，吸油管道不宜过长、过细，弯头也不宜过多。

（3）油的黏度和油温要按样本或规程规定的牌号选用。工作油温一般在35~55℃为好。

（4）油泵启动时，先空载点动数次，如果空气没有排净，泵会产生振动与噪声，这时应将出油口连接处稍微松开一些，使泵内气体完全排除。待运动平稳后，再从空载慢慢加载运行，直到平稳后才能投入正常工作。

（5）油泵进入工作后，还要经常检查泵的运行情况，发现异常应立即查明原因，排除故障。

齿轮泵的工作油也要定期检查，通常每3个月化验一次油质性能变化状况。一般容积小于1m³的油箱可一年换一次液压油。对环境清洁、油箱容积较大的，可依油质化验鉴定结果来决定是否换油。为保持油质清洁，样本规定的选用过滤器精度要保证。并且要按规程规定清洗或更换过滤器的周期进行维护。

3.2.7　齿轮泵的常见故障及排除方法

齿轮泵的常见故障及排除方法见表3-3。

表 3-3　齿轮泵的常见故障及排除方法

故障现象	产 生 原 因	排 除 方 法
齿轮泵流量不足	1. 连接的管接头密封性不好； 2. 连接螺钉没有上紧； 3. 吸油口过滤器堵塞； 4. 油泵的轴向间隙过大（应不大于0.04mm）； 5. 油箱液面过低； 6. 液压油黏度过大； 7. 吸油管内径太小； 8. 吸油管拐弯太多； 9. 油泵转速过高； 10. 油箱盖上气滤孔堵塞； 11. 侧板与齿轮端面磨损严重	1. 重新装或换新密封； 2. 重新上紧； 3. 清洗过滤器； 4. 检查齿轮与泵体宽度，采取措施保证间隙为允许值； 5. 补充同牌号液压油； 6. 更换新油； 7. 加大吸油管直径； 8. 换新油管或加粗管径； 9. 调到规定转速使用； 10. 清洗通气孔气滤； 11. 更换侧板或齿轮
油液产生气泡	1. 油泵的轴颈密封损坏漏气； 2. 吸油管道接头处漏气； 3. 回油管没有插入液面以下； 4. 连接的管道或接头有漏气	1. 更换新的轴颈密封； 2. 重新拧紧或更换接头； 3. 把回油管加长或调正； 4. 处理漏气的地方
齿轮泵体过热	1. 油的黏度过高或过低； 2. 油泵侧板与齿轮磨损严重； 3. 油老化使吸油阻力增大； 4. 冷却不好； 5. 油箱设计容积太小； 6. 环境辐射热影响	1. 按泵规定黏度用油； 2. 修理或更新； 3. 更换新油； 4. 改进冷却装置，使冷却水畅通； 5. 增大油箱容积； 6. 采取隔热措施

3.2.8 齿轮泵的拆装修理

3.2.8.1 拆卸

拆卸齿轮泵步骤如下:

(1) 松开并卸下泵盖及轴承压盖上所有连接螺钉。

(2) 卸下定位销及泵盖、轴承盖。

(3) 从泵壳内取出传动轴及被动齿轮的轴套。

(4) 从泵壳内取出主传动齿轮及被动齿轮。

(5) 取下高压泵的压力反馈侧板及密封圈。

(6) 检查轴头骨架油封,如其阻油唇边良好能继续使用,则不必取出;如阻油唇边损坏,则取出更换。

(7) 把拆下来的零件用煤油或柴油进行清洗。

3.2.8.2 简单修理

齿轮泵使用较长时间后,齿轮各相对运动面会产生磨损和刮伤。端面的磨损导致轴向间隙增大,齿顶圆的磨损导致径向间隙增大,齿形的磨损引起噪声增大。磨损拉伤不严重时,可稍加研磨抛光再用;若磨损拉伤严重时,则需根据情况予以修理或更换。

(1) 齿形修理。用细砂布或油石去除拉伤或已磨成多棱形的毛刺,不可倒角。

(2) 齿轮端面修理。轻微磨损者,可将两齿轮同时放在 0 号砂布上,然后再放在金相砂纸上擦磨抛光。磨损拉伤严重时,可将两齿轮同时放在平磨床上磨去少许,再用金相砂纸抛光。此时泵体也应磨去同样尺寸。两齿轮厚度差应在 0.005mm 以内,齿轮端面与孔的垂直度、两齿轮轴线的平行度都应控制在 0.005mm 以内。

(3) 泵体修复。泵体的磨损主要是内腔与齿轮齿顶圆相接触面,且多发生在吸油侧。对于轻度磨损,用细砂布修掉毛刺可继续使用。

(4) 侧板或端盖修复。侧板或前后盖主要是装配后,与齿轮相滑动的接触端面的磨损与拉伤,如磨损和拉伤不严重,可研磨端面修复;磨损拉伤严重,可在平面磨床上磨去端面上的沟痕。

(5) 泵轴修复。齿轮泵泵轴的失效形式主要是与滚针轴承相接触处容易磨损,有时会产生折断。如果磨损轻微,可抛光修复(并更换新的滚针轴承)。

3.2.8.3 装配

修理后的齿轮泵装配时按如下步骤:

(1) 用煤油或轻柴油清洗全部零件。

(2) 主动轴轴头盖板上的骨架油封若需更换时,先在骨架油封周边涂润滑油,用合适的心轴和小锤轻轻打入盖板槽内,油封的唇口应朝向里边,切勿装反。

(3) 将各密封圈洗净后(禁用汽油)装入各相应油封槽内。

(4) 将合格的轴承涂润滑油装入相应轴承孔内。

(5) 将轴套或侧板与主动、被动齿轮组装成齿轮轴套副,在运动表面加润滑油。

(6) 将轴套副与前后泵盖组装。

(7) 将定位销装入定位孔中,轻打到位。

(8) 将主动轴装入主动齿轮花键孔中,同时将轴承盖装上。

(9) 装连接两泵盖及泵壳的紧固螺钉。注意两两对角用力均匀,扭力逐渐加大。同时边拧螺钉,边用手旋转主动齿轮,应无卡滞、过紧和憋劲感觉。所有螺钉上紧后,应达到旋转均匀的要求。

（10）用塑料填封好油口。

（11）泵组装后，在设备调试时应再做试运转检查。

3.2.8.4　注意事项

（1）在拆装齿轮泵时，注意随时随地保持清洁，防止灰尘污物落入泵中。

（2）拆装清洗时，禁用破布、棉纱擦洗零件，以免脱落棉纱头混入液压系统。应当使用毛刷或绸布。

（3）不允许用汽油清洗、浸泡橡胶密封件。

（4）液压泵为精密机件，拆装过程中所有零件应轻拿轻放，切勿敲打撞击。

3.3　双作用叶片泵

叶片泵在机床、工程机械、船舶、压铸及冶金设备中应用十分广泛。叶片泵具有流量均匀、运转平稳、噪声低、体积小、重量轻等优点。其缺点是对油液污染较敏感，转速不能太高。

按照工作原理，叶片泵可分为单作用式和双作用式两类。双作用式与单作用式相比，其流量均匀性好，所受的径向力基本平衡，应用较广。双作用叶片泵常做成定量泵，而单作用叶片泵可以做成多种变量泵。

3.3.1　双作用叶片泵

3.3.1.1　双作用叶片泵工作原理

图 3-7 所示为双作用叶片泵的工作原理。该泵主要由定子 1、转子 2、叶片 3 及装在它们两侧的配流盘组成。定子内表面形似椭圆，由两段大半径 R 圆弧、两段小半径 r 圆弧和四段过渡曲线所组成。定子和转子的中心重合。在转子上沿圆周均布的若干个槽内分别安放有叶片，这些叶片可沿槽做径向滑动。在配流盘上，对应于定子四段过渡曲线的位置开有四个腰形配流窗口，其中两个窗口与泵的吸油口连通，为吸油窗口；另两个窗口与压油口连通，为压油窗口。当转子由轴带动按图示方向旋转时，叶片在离心力和根部油压（叶片根部与压油腔连通）的作用下压向定子内表面，并随定子内表面曲线的变化而被迫在转子槽内往复滑动。于是，相邻两叶片间的密封腔容积就发生增大或缩小的变化，经过窗口 a 处时容积增大，便通过窗口 a 吸油；经过窗口 b 处时容积缩小，便通过窗口 b 压油。转子每转一周，每一叶片往复滑动两次，因而吸、压油作用发生两次，故这种泵称为双作用叶片泵。又因吸、压油口对称分布，转子和轴承所受的径向液压力相平衡，所以这种泵又称为平衡式叶片泵。这种泵的排量不可调，是定量泵。

3.3.1.2　双作用叶片泵的排量和流量

由图 3-7 可知，当叶片每伸缩一次时，每两叶片间油液的排出量等于大半径 R 圆弧段的容积与小半径 r 圆弧段的容积之差。若叶片数为 z，则双作用叶片泵每转排油量应等于上述容积差的 $2z$ 倍。当忽略叶片本身所占的体积时，双作用叶片泵的排量即为环形体容积的 2 倍，表达式为

$$V = 2\pi(R^2 - r^2)b \tag{3-7}$$

泵输出的实际流量则为

$$q_V = Vn\eta_V = 2\pi(R^2 - r^2)bn\eta_V \tag{3-8}$$

式中　b——叶片宽度。

如不考虑叶片厚度，则理论上双作用叶片泵无流量脉动。这是因为在压油区位于压油窗口的叶片不会造成它前后两个工作腔之间隔绝不通（见图3-7），此时，这两个相邻的工作腔已经连成一体，形成了一个组合的密封工作腔。随着转子的匀速转动，位于大、小半径圆弧处的叶片均在圆弧上滑动，因此组合密封工作腔的容积变化率是均匀的。实际上，由于存在制造工艺误差，两圆弧有不圆度，也不可能完全同心；其次，叶片有一定的厚度，根部又连通压油腔，在吸油区的叶片不断伸出，根部容积要由压力油来补充，减少了输出量，造成少量流量脉动。但脉动

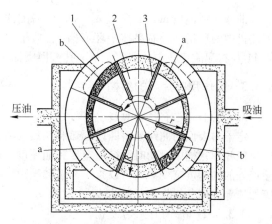

图3-7 双作用式叶片泵工作原理图
1—定子；2—转子；3—叶片

率除螺杆泵外是各泵中最小的。通过理论分析还可知，流量脉动率在叶片数为4的整数倍、且大于8时最小。故双作用叶片泵的叶片数通常取为12。

3.3.2 YB₁系列双作用叶片泵的具体构造

现以 YB₁-25 叶片泵为例介绍其具体构造，图3-8为装配图。

在左泵体1和右泵体7内安装有定子5、转子4、左配流盘2和右配流盘6。转子4上开有12条具有一定倾斜角度的槽，叶片3装在槽内。转子由传动轴11带动旋转，传动轴由左、右泵体内的两个径向球轴承12和9支承。泵盖8与传动轴间用两个油封10密封，以防止漏油和空气进入。定子、转子和左、右配流盘用两个螺钉13组装成一个部件后再装入泵体内，这种组装式的结构便于装配和维修。螺钉13的头部装在左泵体后面孔内，以保证定子及配油盘与泵体的相对位置。

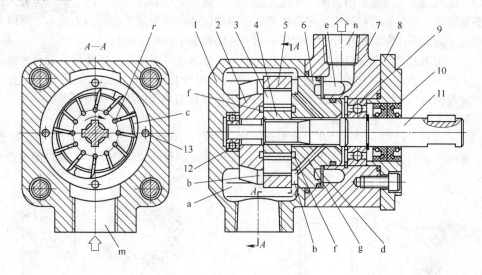

图3-8 YB₁-25型叶片泵装配图

1—左泵体；2—左配流盘；3—叶片；4—转子；5—定子；6—右配流盘；7—右泵体；
8—泵盖；9，12—轴承；10—油封；11—传动轴；13—连接螺钉

油液从吸油口 m 经过空腔 a，从左、右配油盘吸油窗口 b 吸入，压力油从压油窗口 c 经右配油盘中的环槽 d 及右泵体中环形槽 e，从压油口 n 压出。转子 4 两侧泄漏的油液，通过传动轴 11 与右配流盘孔中的间隙，从 g 孔流回吸油腔 b。

3.3.3 双作用叶片泵的结构特点

3.3.3.1 定子过渡曲线

定子内表面的曲线是由四段圆弧和四段过渡曲线所组成（见图 3-7）。理想的过渡曲线不仅应使叶片在槽中滑动时的径向速度和加速度变化均匀，而且应使叶片转到过渡曲线和圆弧交接点处的加速度突变不大，以减小冲击和噪声。目前双作用叶片泵一般都使用综合性能较好的等加速等减速曲线作为过渡曲线。

3.3.3.2 径向作用力平衡

由于双作用叶片泵的吸、压油口对称分布，所以，转子和轴承上所承受的径向作用力是平衡的。

3.3.3.3 端面间隙的自动补偿

图 3-8 所示为一中压双作用叶片泵的典型结构。由图可见，为了减少端面泄漏，采取的间隙自动补偿措施是将配流盘的右侧与压油腔连通，使配流盘在液压推力作用下压向定子。泵的工作压力愈高，配流盘就会愈加贴紧定子。同时，配流盘在液压力作用下发生弹性变形，亦对转子端面间隙进行自动补偿。

3.3.3.4 提高工作压力的主要措施

双作用叶片泵转子所承受的径向力是平衡的，因此，工作压力的提高不会受到负载能力的限制。同时，泵采用配流盘对端面间隙进行补偿后，泵在高压下工作也能保持较高的容积效率。双作用叶片泵工作压力的提高主要受叶片与定子内表面之间磨损的限制。

前已述及，为了保证叶片顶部与定子内表面紧密接触，所有叶片的根部都是通压油腔的。当叶片处于吸油区时，其根部作用着压油腔的压力，顶部却作用着吸油腔的压力，这一压力差使叶片以很大的力压向定子内表面，加速了定子内表面的磨损。当提高泵的工作压力时，这问题就更显突出，所以必须在结构上采取措施，使吸油区叶片压向定子的作用力减小。可以采取的措施有多种，下面介绍高压叶片泵常用的双叶片结构和子母叶片结构。

（1）双叶片结构。如图 3-9 所示，在转子的每一槽内装有两片叶片，叶片顶端和两侧面倒角构成了 V 形通道，根部压力油经过通道进入顶部，使叶片顶部和根部的油压相等。合理设计叶片顶部棱边的宽度，使叶片顶部的承压面积小于根部的承压面积，从而既保证叶片与定子紧密接触，又不至于产生过大的压紧力。

（2）子母叶片结构。子母叶片又称复合叶片，如图 3-10 所示。母叶片 1 的根部 L 腔经转子 2 上虚线所示的油孔始终和顶部油腔相通，而子叶片 4 和母叶片间的小腔 C 通过配流盘经 K

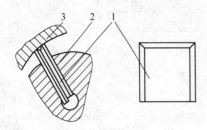 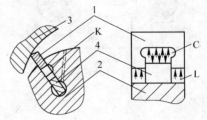

图 3-9　双叶片结构　　　　　　　　图 3-10　子母叶片结构
1—叶片；2—转子；3—定子　　　　1—母叶片；2—转子；3—定子；4—子叶片

槽总是接通压力油。当叶片在吸油区工作时，推动母叶片压向定子 3 的力仅为小腔 C 的油压力，此力不大，但能使叶片与定子接触良好，保证密封。

3.3.3.5 叶片的倾角及反向运行的措施

如图 3-11 所示，叶片在压油区工作时，它们均受定子内表面推力 F 的作用不断缩回槽内。当叶片在转子内径向安放时，定子表面对叶片作用力的方向与叶片沿槽滑动的方向所成的压力角 β 较大，因而叶片在槽内所受的摩擦力也较大，使叶片滑动困难，甚至被卡住或折断。如果叶片不作径向安放，而是顺转向前倾一个角度 θ，这时的压力角就是 $\beta' = \beta - \theta$。压力角减小有利于叶片在槽内滑动，所以双作用叶片泵转子的叶片槽常做成向前倾斜一个安放角 θ。一般叶片泵的倾角 θ 可取 $10° \sim 14°$，YB_1 系列泵的叶片相对转子径向连线前倾 13°。

叶片由于作了前倾安放，所以泵的转子就不允许反转。如果必须反转运行时，则必须拆开左、右泵体，松开泵心组件连接螺钉，将定子、转子和叶片组翻转180°后，再行组装后即可。

叶片作径向安放的双作用式叶片泵，是正、逆转可双向工作的油泵。

3.3.3.6 配油盘上的三角形卸荷槽

图 3-12 为 YB_1 型叶片泵的配油盘结构，两个凹形孔 b 为吸油窗口，两个腰形孔 c 为压油窗口，b 窗口和 c 窗口之间为封油区。

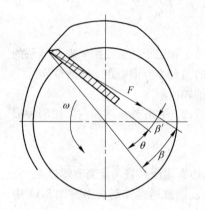

图 3-11 叶片倾角

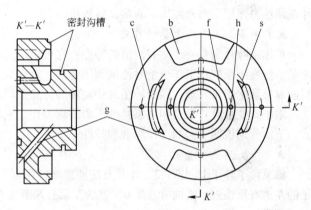

图 3-12 配油盘上的三角形卸荷槽

为了防止吸油腔和排油腔互通，配油盘上封油区的夹角大于或等于相邻两叶片间的夹角。每个工作空间在封油区有可能因制造误差而产生类似齿轮泵那样的困油现象。因此，YB_1 型叶片泵在配油盘的封油区进入压油窗的一端开有三角尖槽 s，使封闭在两叶片间的油液通过三角尖槽逐渐地与高压腔接通，减缓油液从低压腔进入高压腔的突然升压，以减少压力脉动和噪声。三角槽的具体尺寸，一般由实验确定。

3.3.4 单作用式叶片泵

3.3.4.1 工作原理

单作用式叶片泵的工作原理如图 3-13 所示，它和双作用式叶片泵的结构原理基本相似。所不同的是单作用式叶片泵的定子内表面为圆形，定子和转子间有偏心距 e。当传动轴带动转子回转

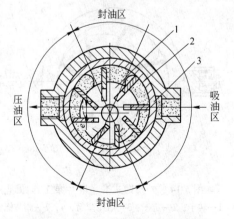

图 3-13 单作用叶片泵的工作原理图

时，处于压油区的叶片在离心力和叶片底部液压力的作用下使叶片顶部紧贴定子内表面，而处于吸油区的叶片则只在离心力的作用下使叶片顶部紧贴定子内表面，这样，在定子、转子、相邻两叶片和两侧配油盘间就形成了若干个密封工作腔。当转子按图示方向回转时，图中右半周的叶片逐渐伸出，密封工作腔的容积逐渐增大，成为吸油区；左半周的叶片逐渐缩回，密封工作腔的容积逐渐减少，成为压油区。在吸油区和压油区之间，各有一段封油区把它们隔开。这种叶片泵在转子每转过一周时，每个密封工作腔只完成一次吸油和压油，故称之为单作用叶片泵。它的缺点是转子受到来自压油腔的单向液压力，使轴承上所受载荷较大，所以也称为非卸荷式叶片泵。这种叶片泵一般不适用于高压，通常在不超过 7MPa 的压力下工作。

3.3.4.2　单作用叶片泵的结构要点

（1）定子和转子偏心安置。移动定子位置以改变偏心距，就可以调节泵的输出流量。

（2）径向液压力不平衡。单作用叶片泵的转子及轴承上承受着不平衡的径向力，这限制了泵工作压力的提高，故泵的额定压力不超过 7MPa。

（3）叶片后倾。为了减小叶片与定子间的磨损，叶片底部油槽采取在压油区通压力油、在吸油区与吸油腔相通的结构形式。因而，叶片的底部和顶部所受的液压力是平衡的。这样，叶片的向外运动主要靠旋转时所受到的惯性力。根据力学分析，叶片后倾一个角度更有利于叶片在惯性力作用下向外伸出。通常，后倾角为 24°。

3.3.4.3　限压式变量叶片泵

单作用叶片泵有一个颇有价值的特点：它可以通过改变转子和定子的偏心距 e 来调节泵的流量，使液压系统在工作进给时能量利用合理，效率高，油的温升小。偏心距 e 的改变实际上只能靠移动定子来实现，因为转子及传动轴的位置被原动机的轴所限定了。

限压式变量叶片泵是利用泵排油压力的反馈作用实现变量的，它有外反馈和内反馈两种形式，下面分别说明它们的工作原理和特性。

A　外反馈式变量叶片泵

该泵除了转子 1、定子 2、叶片及配油盘外，在定子的右边有限压弹簧 3 及调节螺钉 4；定子的左边有反馈缸，缸内有柱塞 6，缸的左端有调节螺钉 7。反馈缸通过控制油路（图 3-14 中虚线所示）与泵的压油口相连通。

调节螺钉 4 用以调节弹簧 3 的预紧力 F（$F = kx_o$，k 为弹簧刚度，x_o 为弹簧的预压缩量），也就是调节泵的限定压力 p_B（$p_B = kx_o/A$，A 为柱塞有效面积）。调节螺钉 7 用以调节反馈缸柱塞 6 左移的终点位置，也即调节定子与转子的最大偏心距 e_{max}，调节最大偏心距也就是调节泵的最大流量。

转子 1 的中心 O_1 是固定的，定子 2 可以在右边弹簧力 F 和左边有反馈缸液压力 p_A 的作用下，左右移动而改变定子相对于转子的偏心距 e，即根据负载的变化自动调节泵的流量。

B　内反馈变量叶片泵

这种泵的工作原理与外反馈式相似。它没有反馈缸，但在配油盘上的腰形槽位置与 y 轴不对称。在图 3-15 中上方压油腔处，定子所受到的液压力 F 在水平方向的分力 Fx 与右

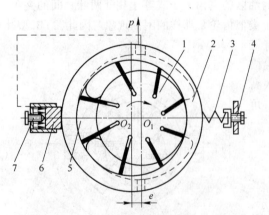

图 3-14　外反馈式变量叶片泵工作原理
1—转子；2—定子；3—限压弹簧；4, 7—调节螺钉；
5—配油盘；6—反馈缸柱塞

侧弹簧的预紧力方向相反。当这个力 F_x 超过限压弹簧 5 的限定压力 p_B 时，定子 3 即向右移动，使定子与转子的偏心距 e 减小，从而使泵的流量得以改变。泵的最大流量由调节螺钉 1 调节，泵的限定压力 p_B 由调节螺钉 4 调节。

C 限压式变量叶片泵的压力流量特性曲线

图 3-16 所示为限压式变量叶片泵的压力流量特性曲线。图中 AB 段是泵的工作压力 p 小于限定压力 p_B 时，偏心距 e 最大，流量也是最大的一段。该段为稍微向下倾斜的直线，与定量泵的特性相当。这是因为此时泵的偏心距不变而压力增高时，其泄漏油量稍有增加，泵的实际流量亦稍有减少所致。图中 BC 段是泵的变量段。在这一区段内，泵的实际流量随着工作压力的增高而减小。图中 B 点称为拐点，其对应的工作压力为限定压力 p_B，C 点对应的压力 p_C 为泵的极限压力 p_{max}，在该点泵的流量为零。

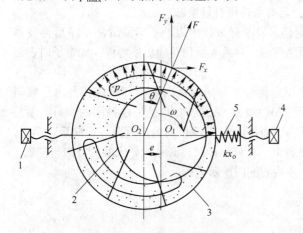

图 3-15 内反馈限压式变量泵工作原理
1，4—调节螺钉；2—转子；3—定子；5—限压弹簧

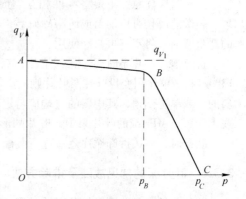

图 3-16 限压式变量叶片泵的特性曲线

3.3.5 叶片泵的更换、维护及检修

叶片泵是一种较精密的设备，在更换安装时应注意如下事项：

（1）叶片泵的更换安装。应注意以下事项：

1）叶片泵安装时，吸油管高度一般应小于 500mm。

2）更换泵时吸油管接头处一定要拧紧，且密封件的放置要正确无损，保证不漏气。否则油气一块吸入泵内会产生噪声，降低效率，缩短使用寿命。

3）在泵的吸入端可装上网孔尺寸为 0.074～0.147mm 的过滤器，其流量应大于泵输出流量的 2 倍。

4）叶片泵所用的油箱，最好为封闭式，且内表面最好涂上防锈油漆。油箱的容量应是叶片泵流量的 5 倍以上，如果条件限制达不到 5 倍以上也应加上强制性冷却器。

5）叶片泵滑动件间的间隙很小，脏物吸入很容易使泵磨伤或卡塞，这就要求元件或系统拆装时，必须按防污染规程操作。回油管必须插入油箱液面以下，以防止回油飞溅产生气泡。

6）安装时注意泵上进出油口转向与标记，转向不得反接。泵轴与电动机轴的偏心在 0.05mm 以内，两轴的角度误差应在 1°以内。否则易使泵端密封损坏，引起噪声。

7）不准随意拧动泵端上的螺钉，以保持泵出厂的调试间隙，拧松或拧得过紧都将改变泵性能。只有在有试验台测试的条件下，才宜检修处理。传动液应采用样本说明书推荐选择用油的牌号。泵的工作油温最好保持在 35~55℃ 之间。超过 60℃ 应加冷却器或停机。

8）经常校对系统的工作压力是否与泵的额定压力相符，不允许长时间让泵超载运行。

9）泵在安装之前，要先从吸入腔口注入一些清洁的工作油液，同时用手扳动泵轴，感觉转动轻松不憋劲后再装机。

（2）叶片泵的维护与检修。叶片泵在维护、检修时应注意以下事项：

1）经常按维修规程规定，清洗过滤器，保持油液吸入畅通。

2）定期更换工作油，周期视工作条件和油液检查化验结果而定。一般情况下，可一年更换一次。

3）发现油液外漏或吸入空气，应及时处理和补充同牌号的新油。

4）确诊油泵发生故障时，应及时修理。若有条件可自行检修。

拆装时要注意：不要将零件相互碰撞划伤，轻拿轻放，用煤油、柴油清洗干净后再行修理。轻微的研伤可用油石或研磨砂研磨，消除伤痕。对重大研伤只能更换零件，如定子内表面的严重磨损，将不宜再修磨使用。

拆装国产叶片泵时要注意：第一，双作用定量叶片泵的叶片向前（即顺旋转方向）倾斜13°~14°，单作用变量叶片泵叶片则向后倾斜20°左右。第二，叶片的一端是平的，另一端是斜的，或单边倒角，其中斜的一端应与定子内表面接触，且锐角向前，倒角一边向后。第三，在大于 13.7MPa 级的叶片泵中，叶片的形式较多，检修拆卸时，必须记好安装的方向与位置。

装配时，应按拆卸顺序逐一进行装配，或按装配图所示进行。

3.3.6　叶片泵的常见故障及排除方法

叶片泵的常见故障及排除方法见表 3-4。

表 3-4　叶片泵的常见故障和排除方法

故障	产 生 原 因	排 除 方 法
叶片泵吸不上油或没有压力	1. 油的黏度过高，使叶片在转子槽中转动不灵活； 2. 油箱中液面过低； 3. 泵体内有砂眼，沟通了进出油腔； 4. 油泵与电机的转向不一致； 5. 启动时转速太低； 6. 进口端漏气； 7. 配油盘的端面与泵体内平面接触不良，高、低压腔沟通了； 8. 叶片在转子槽内卡死（由于泵出厂后库存时间太久，油污，灰尘进入泵内）； 9. 吸油端过滤器堵塞； 10. 花键轴折断	1. 采用推荐牌号或适当地提高油的工作温度； 2. 加新油至油箱油标规定液位； 3. 更换新泵； 4. 纠正电机转向； 5. 加大转速（增大到泵的最低转速以上）； 6. 更换密封或修理零件密封面； 7. 整修配油盘的平面（一般情况是配油盘背面常受压力，使其变形严重）； 8. 要拆洗重装，并重新调试； 9. 清洗过滤器； 10 更换新轴
泵的压力升不上去，即使升上去表头指针也不稳定	1. 吸入空气； 2. 个别叶片运动不灵活； 3. 顶盖处螺钉松动，轴向间隙增大，容积效率下降；	1. 检查入口端盖是否有泄漏，是否进入空气，过滤器是否堵塞； 2. 检查叶片在转子槽中有否被脏物卡死，并认真清洗； 3. 适当拧紧螺钉，保证配合间隙；

故障	产 生 原 因	排 除 方 法
泵的压力升不上去，即使升上去表头指针也不稳定	4. 叶片在转子槽内方向装错； 5. 溢流阀压力设定的太低或者阀芯关不死； 6. 系统泄漏太大； 7. 定子内表面磨损严重，叶片不能与定子内表面良好接触； 8. 长期运行或油内脏物使配油盘端面磨损严重，使漏损增大	4. 纠正叶片在槽内安装方向； 5. 借助于系统中的压力，调整好溢流阀的压力或将阀拆开，把阀座处的油污、灰尘及铁屑等清洗干净； 6. 逐个元件检查泄漏，同时也要检查压力表是否在故障状态； 7. 更换新零件； 8. 更换配件或换新泵
泵的噪声过大	1. 过滤器堵塞； 2. 泵体内流道堵塞； 3. 泄漏孔未钻透，泄漏增大，使油封损坏； 4. 泵端密封磨损； 5. 吸入端漏气； 6. 泵盖螺钉由于振动过松； 7. 泵与电机轴不同心； 8. 油的黏度过高、油污、油箱中液面太低，以至产生的气泡太多； 9. 转子的叶片槽两侧面与转子两端面不垂直，或转子花键槽与转子两端面不垂直； 10. 入口过滤器能力太小吸油不畅； 11. 泵的转速太高	1. 清洗干净； 2. 清理或换泵； 3. 把泵体内泄漏孔加工通； 4. 在轴端油封处涂上黄油，若噪声减小，即应更换油封； 5. 用涂黄油的办法，逐个检查吸油端管接头处，如噪声减小，即应紧固接头； 6. 将螺钉连接处涂上黄油，若噪声减小，则可适当紧固螺钉； 7. 重调到同心； 8. 更换新油或补加新油； 9. 更换新泵或转子； 10. 改选合适的过滤器； 11. 将转速调到最高转速以下

3.3.7 叶片泵的拆装修理

3.3.7.1 拆卸

（1）松开前盖（泵轴端）各连接螺钉，取下各螺钉及泵盖。

（2）松开后盖各连接螺钉，取下螺钉及后盖。

（3）从泵体内取出泵轴及轴承，卸下传动键。

（4）取出用螺钉（或销钉）连接由左右配油盘、定子、转子组装成的部件，并将此部件解体后，妥善放置好叶片、转子等零件。

（5）检查各"O"形密封圈，已损坏或变形严重者更换。

（6）检查泵轴密封的两个骨架油封，如其阻油唇边损坏或自紧式螺旋弹簧损坏则必须更换。

（7）把拆下来的零件用清洗煤油或轻柴油清洗干净。

3.3.7.2 简单修理

（1）配油盘修理。如配油盘磨损和拉伤深度不大（小于0.5mm），可用平磨磨去伤痕，经抛光后再使用。但修磨后，由于卸荷三角槽变短可用三角锉适当修长。否则，对消除困油不利。

（2）定子的修理。无论是定量还是变量叶片泵，定子均是吸油腔这一段内曲线容易磨损。

变量泵的定子内表面曲线为一圆弧曲线。定量泵的定子内表面曲线由四段圆弧曲线和四段过渡曲线组成，内曲线磨损拉伤不严重时，可用细砂布（0号）或油石打磨后继续使用。

（3）转子的修理。转子两端面易磨损拉毛，叶片槽磨损变宽等现象。若只是两端面轻度磨损，抛光后可继续再用。

（4）叶片的修理。叶片的损坏形式主要是叶片顶部与定子内表面相接触处，以及端面与配油盘平面相对滑动处的磨损拉伤，拉毛不严重时稍加抛光再用。

3.3.7.3　装配

修理后的叶片泵装配步骤和注意事项如下：

（1）清除零件毛刺。

（2）用煤油或轻柴油清洗干净全部零件。

（3）将叶片涂上润滑油（最好用与泵站相同的工作介质油）装入各叶片槽。注意叶片方向，有倒角的尖端应指向转子上叶片槽倾斜方向。装配在转子槽内的叶片应移动灵活，手松开后由于油的张力叶片一般不应下掉，否则，配合过松。定量泵配合间隙 0.02 ~ 0.025mm，变量泵 0.025 ~ 0.04mm。

（4）把带叶片的转子与定子和左右配油盘用销钉或螺钉组装成泵心组合部件。注意事项：

1）定子和转子与配油盘的轴向间隙应保证为 0.045 ~ 0.055mm，以防止泄漏增大。

2）叶片的宽度应比转子厚度小 0.05 ~ 0.01mm。同时，叶片与转子在定子中应保持正确的装配方向，不得装错。

（5）把泵轴及轴承装入泵体。

（6）把各"O"形密封圈装入相应的槽内。

（7）把泵心组件穿入泵轴与泵体合装。此时，要特别注意泵轴转动方向叶片倾角方向之间的关系，双作用叶片泵指向转动方向，单作用叶片泵背向转动方向。

（8）把后泵盖（非动力输入端泵盖）与泵体合装，并把紧固螺钉装上。注意紧固螺钉的方法：应成对角方向均匀受力，分次拧紧，并同时用手转动泵轴，保证转动灵活平稳，无轻重不一的阻滞现象。

（9）把两个骨架油封涂润滑油转入前泵盖，不要损坏油封唇边，注意唇边朝向（两者背靠背），自紧弹簧要抱紧不脱落。

（10）前泵盖穿入泵轴与泵体合装，装上传动键。

（11）用塑料堵封好油口。

3.3.7.4　注意事项

（1）在拆装叶片泵时，随时随地注意保持清洁，杜绝污物、灰尘落入泵内。

（2）拆装清洁过程中，禁用棉纱、破布擦洗零件，以免把脱落的棉纱头混入液压系统。应当使用毛刷和绸布。

（3）不允许使用汽油清洗、浸泡橡胶密封圈。

（4）叶片泵为精密机件，拆装过程中，所有零件应保持轻拿轻放，切勿敲打撞击。

3.4　轴向柱塞泵

柱塞泵是依靠柱塞在缸体内往复运动，使密封工作腔容积产生变化来实现吸油、压油的。由于柱塞与缸体内孔均为圆柱表面，因此加工方便，配合精度高，密封性能好。同时，柱塞泵主要零件处于受压状态，使材料强度性能得到充分利用，故柱塞泵常做成高压泵。此外，只要改变柱塞的工作行程就能改变泵的排量，易于实现单向或双向变量。所以，柱塞泵具有压力高、结构紧凑、效率高及流量调节方便等优点。其缺点是结构较为复杂，有些零件对材料及加工工艺的要求较高，因而在各类容积式泵中，柱塞泵的价格最高。柱塞泵常用于需要高压大流量和流量需要调节的液压系统。如龙门刨床、拉床、液压机、起重机械等设备的液压系统。

柱塞泵按柱塞排列方向的不同，分为轴向柱塞泵和径向柱塞泵。轴向柱塞泵按其结构特点又分为斜盘式和斜轴式两类。在此，我们主要分析斜盘式轴向柱塞泵。

3.4.1 斜盘式轴向柱塞泵

3.4.1.1 斜盘式轴向柱塞泵工作原理

轴向柱塞泵的柱塞都平行于缸体的中心线，并均匀分布在缸体的圆周上。斜盘式轴向柱塞泵的工作原理如图3-17所示。泵的传动轴中心线与缸体中心线重合，故又称为直轴式轴向柱塞泵。它主要由斜盘1、柱塞2、缸体3、配流盘4等件所组成。斜盘与缸体间倾斜了一个γ角。缸体由轴带动旋转，斜盘和配流盘固定不动，在底部弹簧的作用下，柱塞头部始终紧贴斜盘。当缸体按图示方向旋转时，由于斜盘和弹簧的共同作用，使柱塞产生往复运动，各柱塞与缸体间的密封腔容积便发生

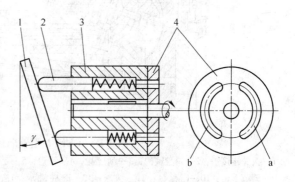

图 3-17 斜盘式轴向柱塞泵工作原理图
1—斜盘；2—柱塞；3—缸体；4—配流盘

增大或缩小的变化，通过配流盘上的窗口a吸油，通过窗口b压油。

如果改变斜盘倾角γ的大小，就能改变柱塞的行程长度，也就改变了泵的排量。如果改变斜盘倾角的方向，就能改变吸、压油方向，这时就成为双向变量轴向柱塞泵。

3.4.1.2 斜盘式轴向柱塞泵的结构要点

图3-18是目前使用比较广泛的一种斜盘式轴向柱塞泵的结构图。

（1）滑靴结构。在图3-17中，各柱塞以球形头部直接接触斜盘而滑动，柱塞头部与斜盘之间为点接触，因此被称为点接触式轴向柱塞泵。泵工作时，柱塞头部接触应力大，极易磨损，故一般轴向柱塞泵都在柱塞头部装一滑靴21（见图3-18），改点接触为面接触，并且各相对运动表面之间通过小孔引入压力油，实现可靠的润滑，大大降低了相对运动零件表面的磨损。这样，就有利于泵在高压下工作。

（2）中心弹簧机构。柱塞头部的滑靴必须始终紧贴斜盘才能正常工作。图3-17中是在每个柱塞底部加一个弹簧。但这种结构中，随着柱塞的往复运动，弹簧易于疲劳损坏。图3-18中改用一个定心弹簧16，通过钢球11和回程盘10将滑靴压向斜盘，从而使泵具有较好的自吸能力。这种结构中的弹簧只受静载荷，不易疲劳损坏。

（3）缸体端面间隙的自动补偿。由图3-18可见，使缸体紧压配流盘端面的作用力，除弹簧16的推力外，还有柱塞孔底部台阶面上所受的液压力，此液压力比弹簧力大得多，而且随泵的工作压力增大而增大。由于缸体始终受力紧贴着配流盘，就使端面间隙得到了自动补偿，提高了泵的容积效率。

（4）变量机构。在变量轴向柱塞泵中均设有专门的变量机构，用来改变斜盘倾角γ的大小以调节泵的排量。轴向柱塞泵的变量方式有多种，其变量机构的结构形式也多种多样。这里只简要介绍手动变量机构的工作原理。

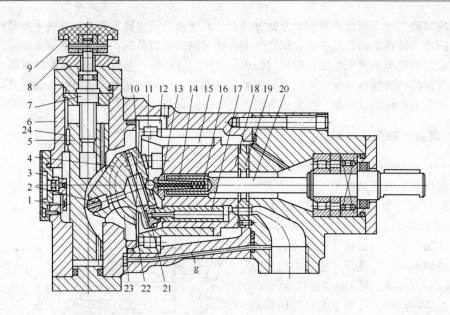

图 3-18   CY14-1 型轴向柱塞泵的结构图

1—拨叉连接销；2—斜盘轴销；3—刻度盘；4—斜盘；5—变量活塞；6—变量壳体；7—螺杆；8—锁紧螺母；
9—调节手轮；10—回程盘；11—钢球；12—滚柱轴承；13，14—定心弹簧内、外套；15—缸套；16—定心
弹簧；17—柱塞；18—缸体；19—配油盘；20—传动轴；21—滑靴；22—耳轴；23—铜瓦；24—导向键

图 3-18 中，手动变量机构设置在泵的左侧。变量时，转动手轮 9，螺杆 7 随之转动，因导键的作用，变量活塞 5 便上下移动，通过销 2 使支承在变量壳体上的斜盘 4 绕其中心转动，从而改变了斜盘倾角 γ。手动变量机构结构简单，但手操纵力较大，通常只能在停机或泵压较低的情况下才能实现变量。

（5）通轴与非通轴结构。斜盘式轴向柱塞泵有通轴与非通轴两种结构形式。图 3-18 所示的泵是一种非通轴型轴向柱塞泵。非通轴型泵的主要缺点之一是要采用大型滚柱轴承来承受斜盘施加给缸体的径向力，其受力状态不佳，轴承寿命较低，且噪声大，成本高。

图 3-19 所示为通轴型轴向柱塞泵（简称通轴泵）的一种典型结构。与非通轴型泵的主要

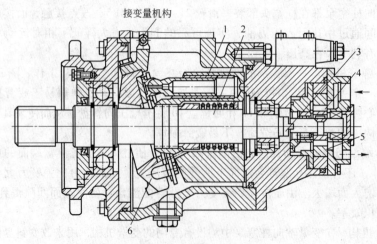

图 3-19   通轴型轴向柱塞泵

1—缸体；2—轴；3—联轴器；4，5—辅助泵内、外转子；6—斜盘

不同之处在于：通轴泵的主轴采用了两端支承，斜盘通过柱塞作用在缸体上的径向力可以由主轴承受，因而取消了缸体外缘的大轴承；该泵无单独的配流盘，而是通过缸体和后泵盖端面直接配油。通轴泵结构的另一特点是在泵的外伸端可以安装一个小型辅助泵（通常为内齿轮泵），供闭式系统补油之用，因而可以简化油路系统和管道连接，有利于液压系统的集成化。这是近年来通轴泵发展较快的原因之一。

3.4.2　CY14-1 型轴向柱塞泵的几个结构问题

（1）滑靴-斜盘摩擦副的静压支承。滑靴对斜盘的工作表面，是在高压下做高速相对运动的运动副，为防止因摩擦发热而损坏，采用了液体静压支承。如图 3-20 所示，液压泵工作时，压力油通过柱塞中心的轴向阻尼孔 f 流入滑靴的中心孔 g 引至滑靴头部的油室 A，在滑靴和斜盘间形成油膜。油膜形成后产生一个垂直作用于滑靴端面的力，即撑开力。另外，柱塞底部油压通过滑靴作用在斜盘上有一压紧力，压紧力与撑开力之比在 1.05 ~ 1.10 范围之内较为合适。这样，滑靴对斜盘端面接触比压很小，而滑靴与斜盘之间又可建立起坚固油膜。

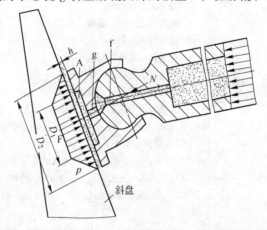

（2）配油盘-缸体摩擦副的静压支承。缸体与配油盘之间也采用了液体静压支承，在这里，撑开力是由配油盘排油窗口内的油压和附近的油膜的油压作用于缸体端面而形成的；而缸体对配油盘的压紧力，则是当柱塞压油时，油液作用在柱塞孔中未穿透部分金属面积上而产生轴向推力形成的。压紧力与撑开力之比为 1.06 ~ 1.10，这样既可形成坚固的

图 3-20　柱塞与滑靴结构及静压支承原理

油膜，又可自动补偿缸体和配油盘间的磨损，提高容积效率，在泵启动时，油压尚未形成，这时缸体与配油盘间的初始密封由定心弹簧产生的推力来实现。

（3）缸体翻转力矩的平衡。柱塞泵工作时，斜盘通过滑靴作用于柱塞头部的力可分解为轴向和径向两个分力，轴向力是柱塞压油的动力，径向力则是无用的，它通过柱塞传给缸体。若对此力平衡得不彻底，就会产生破坏缸体与配油盘正常密封状态的"翻转力矩"。因此在设计时，应正确地选择轴承的尺寸规格并合理地布置它的位置，使缸体所受径向力的作用线，在任何情况下都必须落在轴承滚柱的长度范围之内，这样就避免了"翻转力矩"的出现。

3.4.3　CY14-1 型轴向柱塞泵的安装

CY14-1 型系列泵在检修安装时注意如下事项：
（1）安装泵的支架或基座要有足够的刚性，以减少振动，防止噪声。
（2）安装时泵与电动机轴的不同心度要小，允差为 0.1mm。
（3）从泵轴上拆装联轴器时，不允许用锤子敲打，应使用专用抓具。
（4）安装时，CY14-1 型泵不能逆转，转向按箭头标记。
（5）采用自吸时，吸油真空度不大于 0.16MPa。如工作油黏度高，吸入口不宜加过滤器，在补加新油时要过滤。
（6）维护中要注意油箱中油温的控制，使其保持在规定范围内。

（7）油泵出厂到装机，库存周期超过一年以上的，最好由有经验的工人与技术人员对泵进行一次清洗检查，有条件时，应通过试验测试鉴定后再装机。

3.4.4　CY14-1 型轴向柱塞泵的常见故障及排除方法

CY14-1 型轴向柱塞泵的常见故障及排除方法见表 3-5。

表 3-5　CY14-1 型轴向柱塞泵的常见故障与排除方法

故障现象	产　生　原　因	排　除　方　法
泵不排油或压力升不起来	1. 油泵的旋转方向不对； 2. 辅助供油泵未启动； 3. 油箱中液面过低； 4. 在自吸工况时，进油滤器堵塞； 5. 油的黏度过高； 6. 传动轴或联轴器断开了； 7. 在自吸工况时，吸油管接头漏气； 8. 溢流阀调整压力太低或溢流阀故障； 9. 系统有泄漏（如油缸、单向阀等）； 10. 配油盘或柱塞缸磨损，或配油盘定位销未装好； 11. 原动机功率小了； 12. 压力补偿变量泵达不到系统要求压力，应检查： （1）变量机构是否调到所要求的功率特性； （2）泵的高压流量太小，因温度太高，也建立不起压力	1. 调整原动机的转向； 2. 应先启动供油泵； 3. 补加新油至标准液位； 4. 清洗或切换备用滤器； 5. 使用推荐黏度油加温； 6. 更换损坏的零件； 7. 检查漏气部位并紧固； 8. 调整溢流阀压力或检修阀； 9. 对系统顺次检查处理； 10. 拆泵检查修理或换新备品； 11. 更换原动机； 12. 排除方法： （1）重新调泵变量特性； （2）降低系统温度，更换温升高而漏损过大的元件或重调泵特性
流量不足	1. 斜盘倾角太小，使流量减小； 2. 转速过低； 3. 泵内部磨损严重，内泄漏过大	1. 加大斜盘倾角； 2. 提高转速； 3. 检查修理
泵回油管泄漏油严重	1. 配油盘、滑靴、柱塞、柱塞缸等主要零件严重磨损； 2. 配油盘与泵体之间没有贴紧； 3. 变量机构的活塞磨损严重，使间隙增大（主要对 ZB 型泵）	1. 拆泵检查修理； 2. 拆泵检查重装； 3. 更换活塞，使其与后泵盖配合间隙为 $0.01 \sim 0.02$ mm
泵体过度发热	1. 油的黏度过高； 2. 工作压力过高； 3. 转速过高； 4. 冷却器不起作用，在无冷却情况下，油箱容量过小； 5. 环境温度过高； 6. 油箱温度不高，但泵发烫的原因： （1）长时间在小偏角（在零偏角附近）或低压（7.8MPa 以下）运转，使油泵内漏泄过小引起发热； （2）漏损过大，使泵发热	1. 更换推荐用油牌号； 2. 检查管路阻力及负荷情况； 3. 降低转速； 4. 核算冷却面积或排除冷却器故障，加大油箱容积； 5. 吹风或用其他降温措施； 6. 排除方法： （1）改装油路进行强制循环冷却即将系统经过冷却器、过滤器的回油分流出一部分，从泵的放油口进入泵内，强制循环冷却； （2）检修油泵

续表 3-5

故障现象	产 生 原 因	排 除 方 法
油泵发出异常噪声	1. 噪声过大的多数原因是油泵吸油不足所致。如吸油管径太细，阻力过大；油箱面过低；油黏度过低或油温太低；或者吸油管接头漏气；系统回油管不在油箱液面以下； 2. 油泵在正常使用中噪声突然变大，可能柱塞球头与滑靴松动或泵内零件损坏； 3. 泵轴与原动机轴不同心	1. 改换吸油管径，缩短长度，减少弯头，油箱补油；调节油温；排除漏气；将系统所有回油管插入液面下 200mm，以防止空气混入系统； 2. 拆开检修，但原则上送制造厂修复为宜； 3. 重新调整

3.4.5 CY14-1 型轴向柱塞泵的拆装、修理

轴向柱塞泵结构复杂（见图 3-21）检修分主体部与变量部进行。

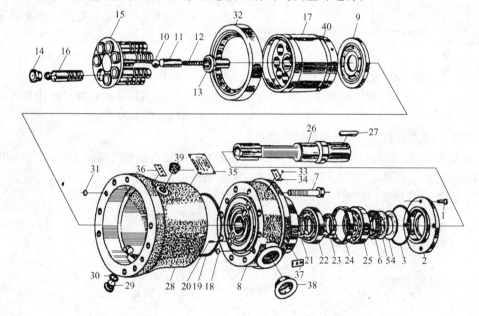

图 3-21 主体部分解体图

1—端盖螺钉；2—端盖；3，30，31—密封圈；4～6—组合密封圈；7—连接螺钉；8—外壳体；9—配流盘；10—钢球；11—中心内套；12—中心弹簧；13—中心外套；14—滑靴；15—回程盘；16—柱塞；17—缸体外镶钢套；18—小密封圈；19—密封圈；20—配流盘定位销钉；21—轴用挡圈；22，25—轴承；23—内隔圈；24—外隔圈；26—传动轴；27—传动键；28—中壳体；29—放油塞；32—滚柱轴承；33—铝铆钉；34—旋向牌；35—铭牌；36，37—标牌；38—防护塞；39—回油旋塞；40—缸体

3.4.5.1 主体部检修

图 3-21 为 CY14-1B 型泵主体部分零件的分解立体图。

A 拆卸

（1）松开主体部与变量部的连接螺钉，卸下变量部分，注意变量头（斜盘）及止推板不要滑落，事先在泵下用木板或胶皮接住预防。变量部卸下后要妥善放置并防尘。

（2）连同回程盘 15 取下 7 套柱塞 16 与滑靴 14 组装件。如柱塞卡死在缸体 40 中而研伤缸体，则一般冶金厂难于修复，此泵报废，换新泵。

（3）从回程盘 15 中取出 7 个柱塞与滑靴组件。

（4）从传动轴 26 花键端内孔中取出钢球 10，中心内套 11，中心弹簧 12 及中心外套 13 组装件，并分解成单个零件。

（5）取出缸体 40 与钢套 17 组合件，两者为过盈配合不分解。

（6）取出配流盘 9。

（7）拆下传动键 27。

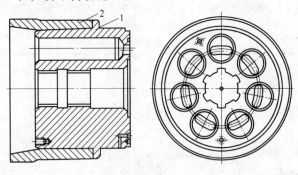

图 3-22　缸体与外套的结构
1—缸体；2—外套

（8）卸掉端盖螺钉 1、端盖 2 及密封件 3～6。

（9）卸下传动轴 26 及轴承组件 21～25。

（10）卸下连接螺钉 7，将外壳体 18 与中壳体 28 分解，注意外泵体上配流盘的定位销不要取下，准确记住装配位置。

（11）卸下滚柱轴承 32。

B　简单修理

（1）缸体的修理。缸体与外套的结构如图 3-22 所示。

缸体通常用青铜制造，外套用轴承钢制造。

缸体易磨损部位是与柱塞配合的柱塞孔内圆柱面和与配流盘接触的端面，端面磨损后可先在平面磨床上精磨端面，然后再用氧化铬抛光，轻度磨损时研磨便可。

（2）配流盘的修理。配流盘的结构如图 3-23 所示。

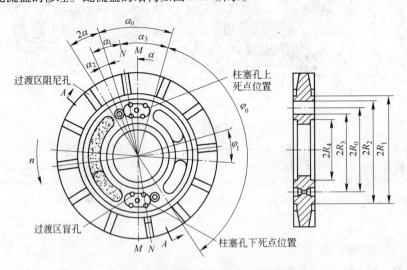

图 3-23　配流盘的结构图

CY14-1B 型泵在工作过程中，经常出现泵升不起压或压力提不高，泵打不出油或流量不足等故障，这些故障有相当一部分是因为用油不清洁，使配流盘磨损、咬毛甚至出现烧盘，引起配流盘与缸体配流平面、配流盘与泵体配流面之间配合不贴切，降低密封性能而造成泄漏所致。

对于拉毛、磨损不太严重的配流盘，可采取手工研磨的方法来加以修理解决。

研磨过程中，研磨的压力和速度对研磨效率和质量甚有影响。对配流盘研磨时，压力不能太大，若压力太大，被研磨掉的金属就多，工作表面粗糙度大，有时甚至还会压碎磨料而划伤研磨表面。

配流盘研磨加工用的磨料多为粒度号数为 W_{10}（相当旧标准 M_{10}）的氧化铝系或金刚石系微粉。研磨时，可以此磨料直接加润滑油，一般用 10 号机械油即可。在精研时，可用 1/3 机油加 2/3 煤油混合使用，也可用煤油和猪油混合使用（猪油含动物性油酸，能降低表面粗糙度）。

（3）柱塞与滑靴修理。柱塞与滑靴的装配及工作情况如图 3-24 所示。在压油区，柱塞是将滑靴推向止推板，而在吸油区是滑靴通过回程盘把柱塞从缸体孔中拉出来。泵每转一次，推、拉一次，天长日久滑靴球窝被拉长而造成"松靴"。修理的办法是用专用胎具再次压合，这需要专用胎具或到高压泵生产厂进行。

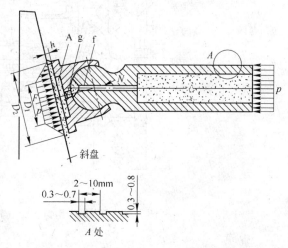

图 3-24　柱塞与滑靴结构及静压轴承原理

柱塞表面轻度损伤是拉伤、摩擦划痕，对此类轻度损伤只需用极细的油石研去伤痕，重度咬伤一般难于修复，价格昂贵，不如换新泵。

（4）检查缸套滚柱轴承及传动轴上的两轴承磨损情况，磨损严重、游隙大的要更换新轴承。

（5）检查各密封圈，破损、变形者要更换。

C　装配

修理后的柱塞泵装配步骤及注意事项如下（见图 3-21）：

（1）用煤油或汽油清洗干净全部零件。

（2）将密封圈 19 装入外壳体 8 的槽中。

（3）将外壳体 8 及中壳体 28 用连接螺钉 7 合装。

（4）将滚柱轴承 32 装入中壳体 28 孔中。

（5）将传动轴 26 及轴承组件 21～25 装入外壳体 8 中。

（6）将密封圈 3 装入端盖 2，将密封组件 3～6 装入端盖 2。

（7）将端盖 2 与外壳体 8 合装，用端盖螺钉 1 紧固。

（8）将配流盘 9 装入外壳体端面贴紧，用定位销定位（注意定位销不要装错）。

（9）将缸体装入中壳体中，注意与配流盘端面贴紧。

（10）将中心内套 11，中心弹簧 12 及中心外套 13 组合后装入传动轴内孔。

（11）在钢球 10 上涂抹清洁黄油黏在弹簧中心内套 11 的球窝中，防止脱落。

（12）将 7 套滑靴 14 与柱塞 16 组件装入回程盘孔中。

（13）将滑靴、柱塞、回程盘组件装入缸体孔中，注意钢球不要脱落。

（14）装上传动键 27。

3.4.5.2　变量部检修

图 3-25 为 PCY14-1 型变量轴向柱塞泵结构图，其左半部为变量部。

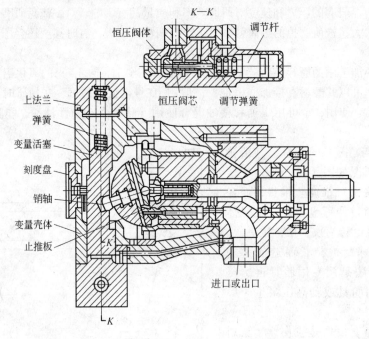

图 3-25　PCY14-1 型恒压变量轴向柱塞泵结构图

A　拆卸

（1）拆下变量头组件，卸下止推板，止推板背面一般不易磨损，可不拆销轴。

（2）拆下恒压变量阀，将阀体、阀芯、调节弹簧及调节杆分解。

（3）拆下上法兰，取出弹簧及变量活塞。

B　简单修理

（1）止推板的修理。止推板的易磨损面为与滑靴的接触面，此表面也可在平板上研磨修复，磨损划伤印痕较深时可在平面磨床上精磨后再研磨。

（2）恒压阀芯的修理。如有拉毛、滑伤，可用细油石和细纱布修磨掉划痕。

（3）检查恒压变量调节弹簧是否扭曲变形，如变形更换新弹簧。

（4）变量活塞一般不易磨损，如有磨痕、修磨即可。

（5）检查变量活塞上部弹簧是否扭曲变形，变形严重的更换新弹簧。

C　装配

（1）用煤油或柴油清洗干净全部零件。

（2）将变量活塞装入变量壳体。

（3）将恒压变量控制阀组装后与变量壳体合装。

（4）将变量弹簧装入变量壳体上腔，装上法兰。

（5）将变量头销轴装入变量活塞。

（6）将止推板装入变量头销轴。

（7）将变量壳体与中泵体间的大密封圈装入密封槽。

3.4.5.3　总装

（1）把主体部与变量部准备好。

（2）把主体部与变量部之间的两个小胶圈装入中泵体孔槽。

（3）把变量部与主体部合装，注意止推板要与各滑靴平面贴合，上各连接螺钉。

3.4.5.4 拆装注意事项

（1）在拆装、修理过程中要确保场地、工具清洁，严禁污物进入油泵。

（2）拆装、清洗过程中，禁用棉纱、破布擦洗零件，应当用毛刷、绸布，防止棉丝头混入液压系统。

（3）柱塞泵为高精度零件组装而成，拆装过程中要轻拿轻放，勿敲击。

（4）装配过程中各相对运动件都要涂与泵站工作介质相同的润滑油。

3.4.6 斜轴式轴向柱塞泵

图 3-26 为斜轴式轴向柱塞泵的工作原理图。传动轴 1 与缸体 4 的轴线倾斜一个角度 γ，故称为斜轴式泵。

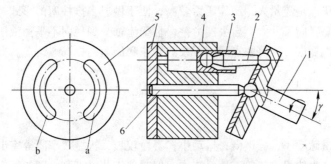

图 3-26 斜轴式轴向柱塞泵的工作原理
1—传动轴；2—连杆；3—柱塞；4—缸体；5—配流盘；6—中心轴

传动轴与缸体之间传递运动的连接件是一个两端为球头的连杆，依靠连杆的锥体部分与柱塞内壁的接触带动缸体旋转。配流盘固定不动，中心轴 6 起支承缸体的作用。

当传动轴沿图示方向旋转时，连杆就带动柱塞连同缸体一起转动，柱塞同时也在孔内做往复运动，使柱塞孔底部的密封腔容积不断发生增大和缩小的变化，通过配流盘 5 上的窗口 a 和 b 实现吸油和压油。

与斜盘式泵相比较，斜轴式泵由于柱塞及缸体所受的径向作用力较小，故结构强度较高，因而允许的倾角 γ 较大，变量范围较大。一般斜盘式泵的最大斜盘角度为 20° 左右，斜轴式泵的最大倾角可达 40°。但斜轴式泵是靠摆动缸体来改变倾角而实现变量的，因而体积较大。

目前，斜盘式和斜轴式轴向柱塞泵的应用都很广泛。

3.4.7 径向柱塞泵

径向柱塞泵的工作原理如图 3-27 所示。它主要由定子 1、转子（缸体）2、柱塞 3、配流轴 4 等组成，柱塞径向均匀布置在转子中。转子和定子之间有一个偏心量 e。配流轴固定不动，上部和下部各做成一个缺口，此两缺口又分别通过所在部位的两个轴向孔与泵的吸、压油口连通。当转子按图示方向旋转时，上半周的柱塞在离心力作用下外伸，通过配流轴吸油；下半周的柱塞则受定子内表面的推压作用而缩回，通过配流轴压油。移动定子改变偏心距的大小，便可改变柱塞的行程，从而改变排量。若改变偏心距的方向，则可改变吸、压油的方向。因此，径向柱塞泵可以做成单向或双向变量泵。

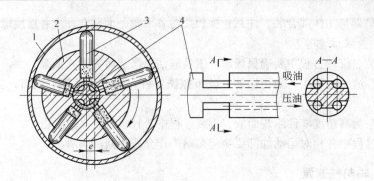

图 3-27　径向柱塞泵的工作原理
1—定子；2—转子；3—柱塞；4—配流轴

　　径向柱塞泵的优点是流量大，工作压力较高，便于做成多排柱塞的形式，轴向尺寸小，工作可靠等。其缺点是径向尺寸大，自吸能力差，且配流轴受到径向不平衡液压力的作用，易于磨损，泄漏间隙不能补偿。这些缺点限制了泵的转速和压力的提高。

3.5　螺杆泵

3.5.1　螺杆泵结构简介

　　螺杆泵具有流量脉动小，噪声低，振动小，寿命较长，机械效率高等突出优点，广泛应用在船舶、精密机床和水轮机调速等液压系统中。但制造工艺难度高，限制了它的使用。除上述优点外，螺杆泵还可抽送黏度较大的液体和其中带有软的悬浮颗粒的液体。

　　螺杆泵的工作原理和结构如图 3-28a 所示，它是由一根主动螺杆（双头右旋）4 和两根从动螺杆（双头左旋）5 等组成。三根共轭螺杆互相啮合。安装在泵体 6 内。螺杆泵的工作原理与丝杠螺母啮合传动相同，当丝杠转动时，如果螺母用滑键连接，则螺母将产生轴向移动。图 3-28b 所示为螺杆泵工作原理示意图，充满螺杆凹槽中的液体相当于一个液体螺母，并假想受到滑键的作用。因此当螺杆转动时，液体螺母将产生轴向移动，实际上限制液体螺母转动的，是相当于滑键的主动螺杆和与其共轭的从动螺杆的啮合线（密封线），而啮合线将螺旋槽分割成相当于液体螺母的若干封闭容积，由于液体螺母的转动受到啮合线的限制，当主动螺杆转动时，从动螺杆也随之转动，密封容积则做轴向移动。主动螺杆每转动一周，各密封容积就移动

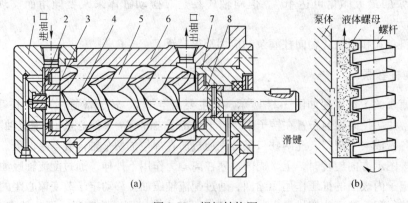

(a)　　　　　　　　　　　　　(b)

图 3-28　螺杆结构图
1—泵盖；2—铜垫；3，8—止推铜套；4—主动螺杆；5—从动螺杆；6—泵体；7—压盖

一个导程 t。在泵的左端密封容积逐渐增大时，进行吸油；在泵的右端密封容积逐渐减少，完成压油过程。

3.5.2 故障分析及排除

泵出现故障后，输出流量不够，压力也上不去。

3.5.2.1 产生原因

（1）主动螺杆外圆与泵体孔的配合间隙 δ_1 因磨损而增大（见图3-29）。

（2）从动螺杆外圆与泵体孔的配合间隙 δ_2，因加工不好或使用磨损而增大（见图3-29）。

（3）主动螺杆凸头与从动螺杆凹槽共轭齿廓啮合线的啮合间隙 δ_3，因加工或使用导致磨损间隙增大，严重影响输出流量的大小。

（4）主动螺杆顶圆与从动螺杆根圆，从动螺杆外圆与主动螺杆根圆啮合线的啮合间隙增大。

（5）三根螺杆啮合中心与泵体三孔中心存在偏差，从而使三根螺杆在泵体三孔内的啮合处于不对称状态，即一边啮合紧，一边啮合松，紧的一边啮合型面咬死，而松的一边则泄漏明显增大。

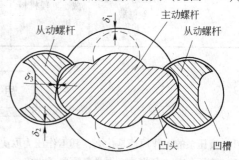

图 3-29 螺杆泵配合间隙

（6）其他原因：电动机转速不够（因功率选得不够），吸油不畅（如滤油器堵塞、油箱中油液不足、进油管漏气等）。

3.5.2.2 排除方法

（1）采用刷镀的方法保证主螺杆外圆与聚体孔的配合间隙保证在 0.3 ~ 0.05mm 以内。

（2）用刷镀的方法保证从动螺杆外圆与泵体孔的配合间隙在 0.03 ~ 0.04mm 以内，或者换新。

（3）用三根螺杆对研跑合的方法提高螺杆齿形精度，并保证三根螺杆啮合开挡尺寸在规定的公差范围内。

3.6 各类液压泵的性能比较及应用

为比较前述各类液压泵的性能，有利于选用，将它们的主要性能及应用场合列于表3-6中。

表 3-6 各类液压泵的性能比较及应用

项目 \ 类型	齿轮泵	双作用叶片泵	限压式变量叶片泵	轴向柱塞泵	径向柱塞泵	螺杆泵
工作压力/MPa	<20	6.3 ~ 21	≤7	20 ~ 35	10 ~ 20	<10
容积效率	0.70 ~ 0.95	0.80 ~ 0.95	0.80 ~ 0.90	0.90 ~ 0.98	0.85 ~ 0.95	0.75 ~ 0.95
总效率	0.60 ~ 0.85	0.75 ~ 0.85	0.70 ~ 0.85	0.85 ~ 0.95	0.75 ~ 0.92	0.70 ~ 0.85
流量调节	不能	不能	能	能	能	不能
流量脉动率	大	小	中等	中等	中等	很小
自吸特性	好	较差	较差	较差	差	好
对油的污染敏感性	不敏感	敏感	敏感	敏感	敏感	不敏感
噪 声	大	小	较大	大	大	很小

类型 项目	齿轮泵	双作用叶片泵	限压式变量 叶片泵	轴向柱塞泵	径向柱塞泵	螺杆泵
单位功率造价	低	中等	较高	高	高	较高
应用范围	机床、工程机械、农机、航空、船舶、一般机械	机床、注塑机、液压机、起重运输机械、工程机械飞机	机床、注塑机	工程机械、锻压机械、起重运输机械、矿山机械、冶金机械、船舶、飞机	机床、液压机、船舶机械	精密机床、精密机械、食品、化工、石油、纺织等机械

思 考 题

3-1 液压泵的工作原理是什么，其工作压力取决于什么？

3-2 液压泵吸油和排油必须具备哪些条件？

3-3 什么是液压泵的工作压力和额定压力？

3-4 何为齿轮泵的困油现象，这一现象有什么危害，如何解决？

3-5 齿轮泵的泄漏路径有哪些，提高齿轮泵的压力首要问题是什么？

3-6 齿轮泵、双作用叶片泵能做成变量泵吗，为什么？

3-7 双作用叶片泵结构上有哪些特点？

3-8 单作用叶片泵是如何做成内反馈限压式变量泵的？

3-9 单作用叶片泵、双作用叶片泵的叶片倾角各向什么方向？

3-10 轴向柱塞泵的工作原理是什么，如何变量？

4 液压控制阀

4.1 概述

液压控制阀是液压系统中用来控制液流方向、压力和流量的元件。借助于这些阀，便能对执行元件的启动、停止、运动方向、速度、动作顺序和克服负载的能力进行调节与控制，使各类液压机械都能按要求协调地进行工作。

4.1.1 液压阀的基本共同点及要求

4.1.1.1 基本共同点
（1）在结构上，所有液压阀都是由阀体、阀芯和驱动阀芯动作的元器件组成；
（2）在工作原理上，所有液压阀的开口大小、进出口间的压差以及通过阀的流量之间的关系都符合孔口流量公式，仅是各种阀控制的参数各不相同而已。

4.1.1.2 要求
（1）动作灵敏，使用可靠，工作时冲击和振动小；
（2）油液流过时压力损失小；
（3）密封性能好；
（4）结构紧凑，安装、调整、使用、维护方便，通用性大。

4.1.2 液压阀的分类

4.1.2.1 按机能分
液压阀可分为方向控制阀、压力控制阀和流量控制阀。这三类阀还可根据需要互相组合成为组合阀，使得其结构紧凑，连接简单，并提高了效率。

4.1.2.2 按控制原理分
液压阀可分为开关阀、比例阀、伺服阀和数字阀。开关阀调定后只能在调定状态下工作，本章将重点介绍这一使用最为普遍的阀类。比例阀和伺服阀能根据输入信号连续地或按比例地控制系统的参数。数字阀则用数字信息直接控制阀的动作。

4.1.2.3 按安装连接形式分
（1）管式连接。又称螺纹式连接，阀的油口用螺纹管接头或法兰和管道及其他元件连接，并由此固定在管路上。

（2）板式连接。阀的各油口均布置在同一安装面上，并用螺钉固定在与阀有对应油口的连接板上，再用管接头和管道及其他元件连接；或者，把几个阀用螺钉固定在一个集成块的不同侧面上，在集成块上打孔，沟通各阀组成回路。由于拆卸时无需拆卸与之相连的其他元件，故这种安装连接方式应用较广。

（3）叠加式连接。阀的上下面为连接结合面，各油口分别在这两个面上，且同规格阀的油口连接尺寸相同。每个阀除其自身的功能外，还起油路通道的作用，阀相互叠装便成回路，无需管道连接，故结构紧凑，压力损失很小。

（4）插装式连接。这类阀无单独的阀体，由阀芯、阀套等组成的单元体插装在插装块体的预制孔中，用连接螺纹或盖板固定，并通过块内通道把各插装式阀连通组成回路，插装块体起到阀体和管路的作用。这是适应液压系统集成化而发展起来的一种新型安装连接方式。

4.1.3 液压阀的性能参数

阀的规格大小用通径 D_g（单位 mm）表示。D_g 是阀进、出油口的名义尺寸，它和实际尺寸不一定相等。

对于不同类型的各种阀，应用不同的参数表征其不同的工作性能，一般有压力、流量的限制值，以及压力损失、开启压力、允许背压、最小稳定流量等。同时给出若干条特性曲线，供使用者确定不同状态下的性能参数值。

4.2 方向控制阀

方向控制阀的作用是控制油液的通、断和流动方向。它分单向阀和换向阀两类。

4.2.1 单向阀

4.2.1.1 普通单向阀

普通单向阀的作用是只允许油液流过该阀时单方向通过，反向则截止。普通单向阀的阀芯有钢球阀芯和锥面阀芯，钢球阀芯仅适用于压力低或流量小的场合。普通单向阀按油口相对位置可分直通式和直角式，图4-1为普通单向阀简单结构。

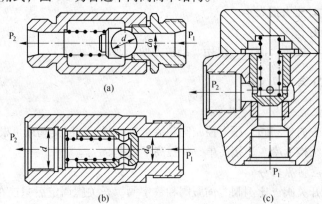

图4-1　普通单向阀
（a）球阀式；（b）锥阀式（直通式）；（c）锥阀式（直角式）

普通单向阀工作原理是：当压力油从进油口 P_1 流入时，液压推力克服弹簧力的作用，顶开钢球或锥面阀芯，油液从出油口 P_2 流出构成通路。当油液从油口 P_2 进入时，在弹簧和液体压力的作用下，钢球或锥面阀芯压紧在阀座孔上，油口 P_1 和 P_2 被阀芯隔开，油液不能通过。由于锥面阀芯密封性好，使用寿命长，在高压和大流量时工作可靠，因此得到广泛应用。

4.2.1.2 液控单向阀

液控单向阀是一种通入控制压力油后即允许油液双向流动的单向阀。它由单向阀和液控装置两部分组成，如图4-2a所示。当控制口 X 未通压力油时，作用与普通单向阀相同，正向流通，反向截止。当控制口通入压力油（称控制油）后，控制活塞 a 把单向阀的锥形阀芯顶离阀座，油液正反向均可流动。

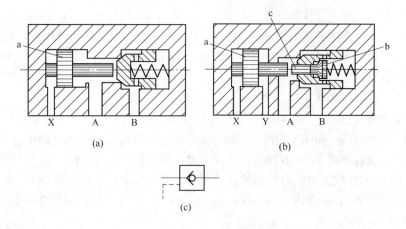

图 4-2　液控单向阀

(a) 内泄式；(b) 外泄式；(c) 符号

　　油液反向流动时（即由 B 口进油），进油压力相当于系统工作压力，通常很高，控制活塞 a 的背压（即 A 口压力）也可能较大。控制油的开启压力必须很大才能顶开阀芯，这影响了液控单向阀的工作可靠性。解决的办法是：

　　（1）对于 B 口进油压力很高的情况，可采用先导阀预先卸压。如图 4-2b 所示，在单向阀的锥阀芯中装一更小的锥阀芯 b（有的是钢球），称先导阀芯（或卸压阀芯）。因该阀芯承压面积小，无需多大推力便可将它先行顶开，A、B 两腔随即通过先导阀芯圆杆上的小缺口 c 相互沟通，使 B 腔逐渐卸压，直至控制活塞较易地将主阀芯推离阀座，使单向阀的反向通道打开。

　　（2）对于 A 口压力较高造成控制活塞背压较大的情况，可采用外泄口回油降低背压。如图 4-2b 所示，控制活塞与阀体成二节同心式配合结构，背压对控制活塞的作用面积很小，对开启阀芯的阻力也就不大。外泄口 Y 可将 A 腔和 X 腔的泄漏油排回油箱。这种结构的阀称外泄式液控单向阀（其具体结构有带卸压阀芯和不带卸压阀芯两种）；而图 4-2a 所示的阀则称内泄式液控单向阀。

　　液控单向阀的符号如图 4-2c 所示。

　　液控单向阀未通控制油时具有良好的反向密封性能，常用于保压、锁紧和平衡回路。

4.2.1.3　双向液压锁

　　由于单向阀具有优良的密封性，所以液控单向阀还广泛用于保压、锁紧和平衡回路，另外，将两个液控单向阀分别接在执行元件两腔的进油路上，连接方式如图 4-3a 所示，可将执

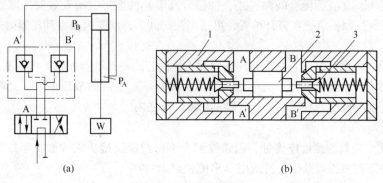

图 4-3　液压锁的应用

1—阀体；2—控制活塞；3—顶杆

行元件锁紧在任意位置上。这样连接的液控单向阀称作双向液压锁，其结构原理如图 4-3b 所示。不难看出，当一个油腔正向进油时（如 A→A′），由于控制活塞 2 的作用，另一个油腔就反向出油（B′→B），反之亦然。当 A、B 两腔都没有压力油时，两个带卸荷阀的单向阀靠锥面的严密封闭将执行元件双向锁住。

4.2.1.4　单向阀故障分析及排除

A　严重内泄漏

（1）对 I 型单向阀，阀体上无阀座，阀体兼作阀座。当阀体上 A 面（图 4-4）拉毛或有损伤拉有沟槽时，或者锥面 A 与 ϕD 内圆面不同心时，会引起严重内泄漏。

（2）当阀芯（图 4-5）B 面在使用较长时间后，会产生磨损凹坑（圆周），或者拉有直槽伤痕，或者因锥面 B 与 ϕD 圆柱面不同心，以及锥面 A、B 呈多棱形时，会产生严重内泄漏。需校正 ϕD 面，重磨锥面 B。

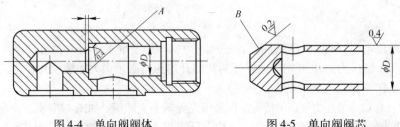

图 4-4　单向阀阀体　　　　　　　　图 4-5　单向阀阀芯

（3）一般液压件生产厂在加工阀体上阀座锥面 A 时，不采用机加工，而是将阀芯（或钢球）装入后用铆头敲击打出锥面 A，使 B 面与 A 面能密合。但当阀体材质（HT200）或金相组织不好时，敲击时用力大小又未掌握好，会发生崩裂小块，使 A 面上锥面尖角处呈锯齿状圆圈，不能密合而内漏。

（4）装配时，因清洗不干净，或使用中油液不干净，污物滞留或粘在阀芯与阀座面之间，使阀芯锥面 B 与阀体锥面 A 不密合，造成内泄漏。

B　不起单向阀作用

所谓不起单向阀作用是指反向油液也能通过单向阀。产生原因除了上述内泄漏大的原因外，还有：

（1）单向阀阀芯因棱边及阀体沉割槽棱边上的毛刺未清除干净，将单向阀阀芯卡死在打开位置上，此时应去毛刺，抛光阀芯。

（2）阀芯与阀体孔因配合间隙过小，油温升高引起的变形，阀安装时压紧螺钉力过大造成的阀孔变形等原因，卡死在打开位置，可适当配研阀芯，消除因油温和压紧力过大造成的阀芯卡死现象。

（3）污物进入阀孔与阀芯的配合间隙内而卡死阀芯，使其不能关闭。可清洗与换油。

（4）阀体孔几何精度不好，其他原因（如材质不好）造成的液压卡紧，此时应检查阀孔与阀芯几何精度（圆度与柱度），一般须在 0.003mm 之内。

C　外泄漏

（1）管式单向阀的螺纹连接处，因螺纹配合不好或螺纹接头未拧紧，须拧紧接头，并在螺纹之间缠绕聚四氟乙烯胶带密封或用 O 形圈密封。

（2）板式阀的外泄漏主要发生在安装面及螺纹堵头处，可检查该位置处的 O 形圈密封是否可靠，根据情况予以排除。

（3）阀体有气孔砂眼，被压力油击穿造成的外漏，一般要焊补或更换阀体。

4.2.2 滑阀式换向阀

4.2.2.1 滑阀式换向阀的工作原理

滑阀式换向阀通过改变阀芯在阀体内的相对工作位置，使阀体诸油口连通或断开，从而改变油流方向控制执行元件的启、停或换向。

换向阀的结构与工作原理如图4-6所示。当电磁铁不通电时（图4-6a），阀芯在弹簧作用下处于左端位置，压力油 P 与 B 通，接液压缸左腔，液压缸右腔接 A 与回油 O 通，推动活塞右移。当电磁铁通电时（图4-6b），吸衔铁向右，衔铁通过推杆使阀芯右移，P 与 A 通，B 与 O 通，实现了换向，活塞左移。这种换向阀称为二位阀。

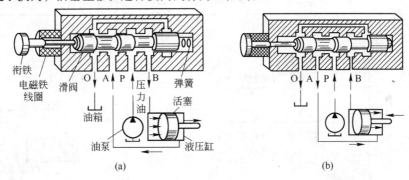

(a)   (b)

图4-6　二位四通电磁换向阀原理图

上述换向阀阀芯仅有两种工作状态。当工作机构要求液压缸在任一位置均可停留时，则要求阀芯有三种工作状态，如图4-7所示。当左电磁铁通电时，阀芯右移，P 与 A 通，B 与 O 通（图4-7a）；当左、右两电磁铁都不通电时，阀芯在两端弹簧作用下处于中间状态，此时 A、B、P、O 均不通（图4-7b）；当右边电磁铁通电时，阀芯左移，P 与 B 通，A 与 O 通，实现了油路换向。这种换向阀称为三位阀。

4.2.2.2 换向阀的图形符号

换向阀图形符号做以下说明：

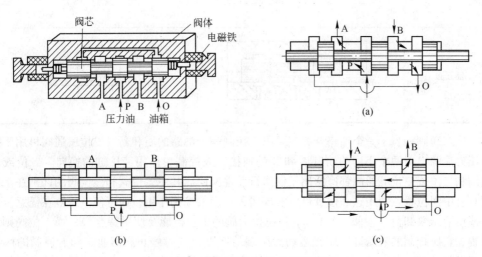

(a)

(b)   (c)

图4-7　三位四通电磁换向阀原理图

（1）用方框表示阀的工作位置，有几个方框就表示几个工作位置。

（2）每个换向阀都有一个常态位，即阀芯未受外力时的位置。字母应标在常态位，P表示进油口，O表示回油口，A、B表示工作油口。

（3）常态位与外部连接的油路通道数表示换向阀通道数。

（4）方框内的箭头表示该位置时油路接通情况，并不表示油液实际流向。

（5）换向阀的控制方式和复位方式的符号应画在换向阀的两侧。

4.2.2.3　常用换向阀的结构原理、功用及图形符号

常用滑阀式换向阀有二位二通、二位三通、二位四通、三位四通、二位五通及三位五通等类型。它们的结构原理及图形符号见表4-1。

表4-1　常用换向阀的结构原理及图形符号

名　称	结构原理图	符　号
二位二通	A　P	A P
二位三通	A　P　B	A　B P
二位四通	A　P　B　T	A　B P　T
三位四通	A　P　B　T	A　B P　T
二位五通	T_1　A　P　B　T_2	A　B T_1　P　T_2

二位二通阀相当于一个油路开关，可用于控制一个油路的通和断。二位三通阀可用于控制一个压力油源P对两个不同的油口A和B的换接，或控制单作用液压缸的换向。二位或三位四通阀和二位或三位五通阀都广泛用于使执行元件换向。其中二位阀和三位阀的区别在于：三位阀具有中间位置，利用这一位置可以实现多种不同的控制作用，如可使液压缸在任意位置上停止或使液压泵卸荷（参阅"4.1.2.5 三位换向阀的中位机能及使用特点"），而二位阀则无中间位置，它所控制的液压缸只能在运动到两端的终点位置时停止。四通阀和五通阀的区别在于：五通阀具有P、A、B、O_1和O_2五个油口，而四通阀则因为O_1和O_2两回油口在阀内相

通，故对外只有四个油口 P、A、B、O。四通阀和五通阀用于使执行元件换向时，其作用基本相同，但五通阀有两回油口，可在执行元件的正反向运动中构成两种不同的回油路，如在组合机床液压系统中，广泛采用三位五通换向阀组成快进差动连接回路。

4.2.2.4 滑阀式换向阀的主要控制方式

滑阀式换向阀的主要控制方式有下列五种。

A 手动换向阀

手动换向阀用手动杠杆来操纵阀芯在阀体内移动，以实现液流的换向。它同样有各种位、通和滑阀机能的多种类型，按定位方式的不同又可分为自动复位式和钢球定位式两种。

图 4-8a 为三位四通自动复位式手动换向阀。扳动手柄，即可换位，当松手后，滑阀在弹簧力作用下，自动回到中间位置，所以称为自动复位式。这种换向阀不能在两端位置上定位停留。

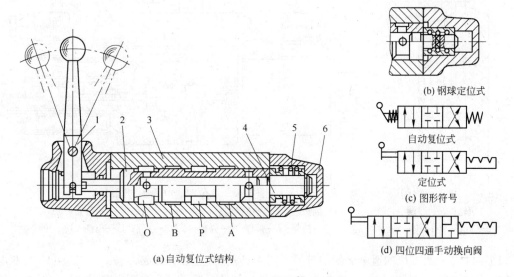

(a)自动复位式结构

(b) 钢球定位式

(c) 图形符号 —— 自动复位式 / 定位式

(d) 四位四通手动换向阀

图 4-8 手动换向阀

1—杠杆手柄；2—滑阀；3—阀体；4—套筒；5—弹簧；6—法兰盖

如果要使阀芯在三个位置上都能定位，可以将右端的弹簧 5 改为如图 4-8b 所示的结构。在阀芯右端的一个径向孔中装有一个弹簧和两个钢球，与定位套相配合可以在三个位置上实现停留与定位。图 4-8c 是这两种手动阀的图形符号。定位式手动换向阀还可以制成多位的形式，图 4-8d 是手动四位滑阀。手动换向阀经常用在起重运输机械、工程机械等行走机械上。

B 机动换向阀

机动换向阀用来控制机械运动部件的行程，故又称行程阀。这种阀必须安装在液压缸附近，在液压缸驱动工作的行程中，装在工作部件一侧的挡块或凸轮移动到预定位置时就压下阀芯，使阀换位。图 4-9 所示为二位四通机动换向阀的结构原理和图形符号。

机动换向阀通常是弹簧复位式的二位阀。它的结构简单，动作可靠，换向位置精度高，改变挡块的迎角 α 或凸轮外形，可使阀芯获得合适的换位速度，以减小换向冲击。但这种阀不能安装在液压站上，因为连接管路较长，使整个液压装置不够紧凑。

C 电磁换向阀

电磁换向阀是利用电磁铁吸力推动阀芯换位的方向阀，它是电气系统与液压系统之间的信号转换元件，它的电气信号由液压设备的按钮开关、限位开关、行程开关、压力继电器等发出，从而可以使液压系统方便地实现各种操纵及自动顺序动作。图 4-10 是三位四通电磁换向阀的结构原理图和图形符号。阀的两端各有一个电磁铁和一个对中弹簧，阀芯在常态时处于中位。当右端电磁铁通电吸合时，衔铁通过推杆将阀芯推至左端，换向阀就在右位工作；反之，左端电磁铁通电吸合时，换向阀就在左位工作。

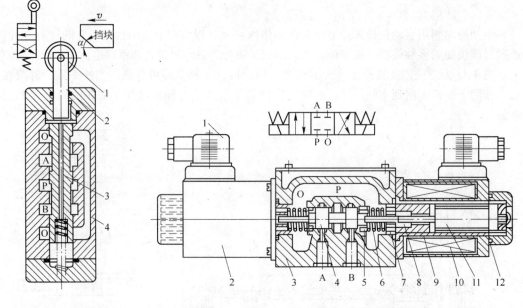

图 4-9　机动换向阀　　　　　　　图 4-10　三位四通电磁换向阀结构

1—滚轮；2—顶杆；　　　　　1—插头组件；2—电磁铁；3—阀体；4—阀芯；5—定位套；6—弹簧；

3—阀芯；4—阀体　　　　　　7—挡圈；8—推杆；9—隔磁环；10—线圈；11—衔铁；12—导套

图 4-11 所示为二位四通电磁阀的符号，图 4-11a 为单电磁铁弹簧复位式，图 4-11b 为双电磁铁钢球定位式。二位电磁阀一般都是单电磁铁控制的，但无复位弹簧双电磁铁二位阀，由于电磁铁断电后仍能保留通电时的状态，从而减少了电磁铁的通电时间，延长了电磁铁的寿命，节约了能源；此外，当电磁铁因故中断时，电磁阀的工作状态仍能保留下来，可以避免系统失灵或出现事故。

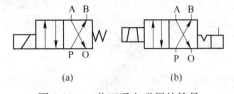

(a)　　　　　　(b)

图 4-11　二位四通电磁阀的符号

电磁阀上采用的电磁铁有交流和直流两种基本类型。交流电磁铁反应速度快、启动力大，但换向时间短（约 0.01～0.07s）、换向冲击大、噪声大、换向频率低（约 30 次/min），而且当阀芯被卡住或由于电压低等原因吸合不上时，线圈易烧坏。直流电磁铁需直流电源或整流装置，但换向时间长（约 0.1～0.5s），换向频率允许较高（最高可达 240 次/min），而且有恒电流特性，当电磁铁吸合不上时，线圈不会烧坏，故工作可靠性高。还有一种本机整流型电磁铁，其上附有二极管整流线路和冲击电压吸收装置，能把接入的交流电整流后自用，因而兼备了前述两者的优点。

在中低压电磁换向阀的型号中，交流电磁铁用字母 D 表示，而直流电磁铁用 E 表示。例如，23D-25B 表示流量为 25L/min 的板式二位三通交流电磁换向阀；34E-25B 则表示流量为 25L/min 的板式三位四通直流电磁换向阀。

电磁换向阀由电气信号操纵，控制方便，布局灵活，易于实现自动控制。但由于电磁铁吸力有限，动作急促，因此在对于换向时间要求能调节，或流量大、行程长、移动阀芯阻力较大的场合，采用电磁换向阀是不适宜的。

D 液动换向阀

液动换向阀是依靠控制油路的压力油来推动阀芯进行换位的换向阀。液动阀也有二位、三位两种类型。二位液动阀的一侧通压力油，另一侧有弹簧；三位液动阀两侧都可通入压力油，阀芯换位。图4-12a、b是三位四通液动换向阀的结构及图形符号。在两端均没有压力油通入时，阀芯在两边弹簧作用下，处于中间位置。当控制油口 K_1 通入压力油而 K_2 回油时，阀芯向右运动，这时油口 P 与 A 通，B 与 O 通。当控制油口 K_2 通入压力油而 K_1 回油时，阀芯向左运动，这时 P 与 B 通，A 与 O 通，实现了油路的换向。

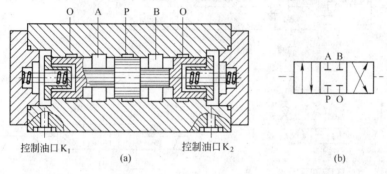

(a)   (b)

图4-12 液动换向阀的结构和符号

液动换向阀操纵力可以很大，适合控制高压大流量的阀门换向。当对液动阀换向平稳性有较高要求时，可在液动阀两端 K_1、K_2 控制油路上加装阻尼调节器（如图4-13所示）。阻尼调节器由一个小型的单向阀和一个节流阀并联组成。单向阀用来保证滑阀端面进油通畅，而节流阀用于滑阀端面的回油节流，调节节流阀的开度可调整换向速度，以避免换向冲击。此外，液动阀可以在较紧凑的体积中得到较大的液压推动力。所以在大流量油路中均采用液动换向阀。

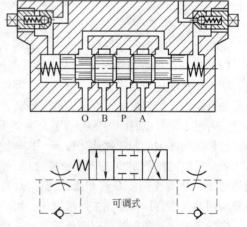

E 电液动换向阀

由于电磁吸力的限制，电磁换向阀不能做成大流量的阀门。在需要大流量时，可使用电液换向阀。图4-14 所示为电液换向阀的结构，它由电磁先导阀和液动主阀组成，用小规格的电磁先导阀控制大规格的液动主阀工作。其工作过程如下：当电磁铁4、6均不通电时，P、

图4-13 可调式液动换向阀的结构和符号

A、B、O 各口互不相通。当电磁铁4通电时，控制油通过电磁阀左位经单向阀2作用于液动阀阀芯的左端，阀芯1右移，右端回油经节流阀7、电磁阀右端流回油箱，这时主阀左位工作，即主油路P、A 口畅通，B、O 连通。同理，当电磁铁6通电，电磁铁4断电时，电磁先导阀右位工作，则主阀右位工作。这时主油路P、B 口畅通，A、O 口连通（主阀中心通孔）。阀中的两个节流阀3、7用来调节液动阀阀芯的移动速度，并使其换向平稳。

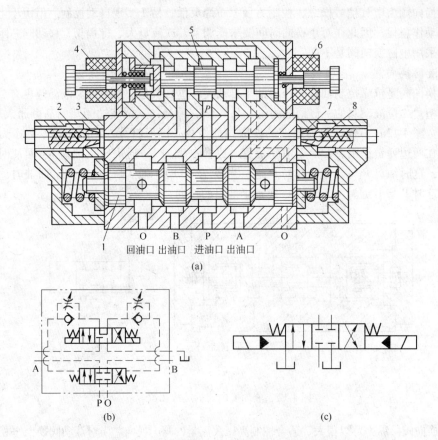

图 4-14 电液换向阀的结构原理及图形符号

（a）结构图；（b）原理图；（c）简化符号

1—液动阀阀芯；2，8—单向阀；3，7—节流阀；4，6—电磁铁；5—电磁阀阀芯

下面介绍电液换向阀控制油的进油和回油方式及阀的附加装置：

（1）控制油的进油和回油方式。若进入先导电磁阀的压力油（即控制油）来自主阀的P腔，这种控制油进油方式称为内部控制，即电磁阀的进油口 P_1 与主阀的P腔是沟通的。其优点是油路简单，但因泵的工作压力通常较高，故控制部分能耗大，只适用于电液换向阀较少的系统。若进入先导电磁阀的压力油引自主阀P腔以外的油路，如专用的低压泵系统的某一部分，这种控制油进油方式称外部控制。

若先导电磁阀的回油口O′单独接油箱，这种控制油回油方式称为外部回油。若先导电磁阀的回油口O′与主阀的O腔相通，则称为内部回油。内回式的优点是无需单设回油管路，但先导阀回油允许背压较小，主回油背压必须小于它才能采用，而外回式不受此限制。

先导阀的进油和回油可以有外控外回、外控内回、内控外回、内控内回四种方式。在阀的使用中，四种方式如何调整转换详见产品说明书。

（2）电液换向阀附加装置供选用的附加装置有：

1）主阀芯行程调节机构。有些电液换向阀设有主阀芯行程调节机构如图4-15所示，调节主阀阀盖两端的螺钉，则主阀芯换位移动的行程和各阀口的开度即可改变，通过主阀的流量便随之改变，因而可对执行元件起粗略的速度调节作用。若无此需要，则用封闭阀盖，如图4-14a所示。

2）预压阀。以内控方式供油的电液换向阀，若在常态位使泵卸荷（具有 M、H、K 型中位机能），为克服阀在通电后因无控制油压而使主阀不能动作的缺陷，常在主阀的进油孔中插装一个预压阀（即具有硬弹簧的单向阀），使在卸荷状态下仍有一定的控制油压，足以操纵主阀芯换向。图 4-16 所示为一具有 M 型中位机能的内控外回式电液换向阀的符号，装在油口 P 内的阀 f 即预压阀。

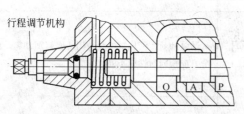

图 4-15 电液换向阀的行程调节机构

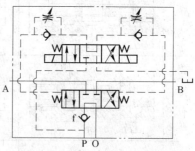

图 4-16 具有 M 型中位机能的内控
外回式电液换向阀的符号

电液换向阀综合了电磁滑阀和液动滑阀的优点，它一方面发挥了电气控制操作方便，能远距离实现自动控制的优势，另一方面又发挥了液动控制能调节换向时间、增加换向平稳性的长处，避免了换向过快产生的压力冲击，因此适用于大流量的高压系统。

在中低压阀型号中，电液控制一般用 DY（交流液动）或 EY（直流液动）表示。例如，34EY-63BZ 表示流量为 63L/min 的三位四通板式电（直流）液换向阀，Z 表示液动阀两端带有阻尼调节器。

4.2.2.5 换向阀的中位机能

三位换向阀的中位机能是指三位换向阀常态位置时，阀中内部各油口的连通方式，也可称为滑阀机能，表 4-2 表示各种三位换向阀的中位机能和符号。

表 4-2 各种三位换向阀的中位机能和符号

机能代号	结构原理图	中位图形符号		机能特点和作用
		三位四通	三位五通	
O		A B P T	A B T_1 P T_2	各油口全部封闭，缸两腔封闭，系统不卸荷。液压缸充满油，从静止到启动平稳；制动时运动惯性引起液压冲击较大；换向位置精度高。在气动中称为中位封闭式
H		A B P T	A B T_1 P T_2	各油口全部连通，系统卸荷，缸成浮动状态。液压缸两腔接油箱，从静止到启动有冲击；制动时油口互通，故制动较 O 型平稳；但换向位置变动大
P		A B P T	A B T_1 P T_2	压力油口 P 与缸两腔连通，可形成差动回路，回油口封闭。从静止到启动较平稳；制动时缸两腔均通压力油，故制动平稳；换向位置变动比 H 型的小，应用广泛。在气动中称为中位加压式

机能代号	结构原理图	中位图形符号		机能特点和作用
		三位四通	三位五通	
Y				油泵不卸荷，缸两腔通回油，缸成浮动状态。由于缸两腔接油箱，从静止到启动有冲击，制动性能介于O型与H型之间。在气动中称为中位泄压式
K				油泵卸荷，液压缸一腔封闭一腔接回油箱。两个方向换向时性能不同
M				油泵卸荷，缸两腔封闭，从静止到启动较平稳；制动性能与O型相同；可用于油泵卸荷液压缸锁紧的液压回路中
X				各油口半开启接通，P口保持一定的压力；换向性能介于O型和H型之间

换向阀中位性能对液压系统有较大的影响，在分析和选择中位性能时一般作如下考虑：

(1) 系统保压问题。当油口P堵住时，系统保压，此时泵还可使系统中其他执行元件动作。

(2) 系统卸荷问题。当P和O相通时，整个系统卸荷。

(3) 换向平稳和换向精度问题。当油口A和B均堵塞时，易产生液压冲击，换向平稳性差，但换向精度高。反之，当油口A和B都和O接通时，工作机构不易制动，换向精度低，但换向平稳性好，液压冲击小。

(4) 启动平稳性问题。当油口A或B有一油口接通油箱，启动时该腔因无油液进入执行元件，所以会影响启动平稳性。

4.2.2.6　方向阀的常见故障及排除

方向阀的常见故障及排除方法见表4-3。

表4-3　方向阀的故障及排除

名　称	现　象	原　　因	措　　施
单向阀	反向流油	1. 阀芯被脏物卡住； 2. 压力低时不起单向阀作用； 3. 油液倒流	1. 清洗油箱除净杂物； 2. 低压时使阀芯闭合； 3. 使单向阀内大、小孔同心
液控单向阀	反向时阀打不开	1. 外控油路压力低； 2. 外泄油路阻塞； 3. 反向流油； 4. 油路压力较低	1. 检查外控油的压力； 2. 检查外泄管路； 3. 除去卡住单向阀内的脏物； 4. 检查控制油路

名　称	现　象	原　　因	措　施
换向阀	不换向	1. 电磁铁力量不足、损坏或接线断路； 2. 阀芯拉伤或卡死； 3. 弹簧力过大或弹簧折断； 4. 控制油压力大、油路阻塞	1. 更换电磁铁或重新接线； 2. 清洗修研阀芯； 3. 更换适当弹簧； 4. 提高控制油压力，疏通控制油路
	换向不灵	1. 油液混入污物，卡住阀芯； 2. 弹簧力太小或太大； 3. 电磁铁的铁芯接触部位有污物； 4. 阀芯与阀体间隙过大或过小	1. 清洗阀芯； 2. 更换弹簧，使弹簧力大小适合； 3. 磨光清理； 4. 研配阀芯使间隙适当
	电磁铁过热或烧毁	1. 电磁铁线圈绝缘不良，铁芯吸不紧； 2. 电磁铁铁芯与阀芯轴线不同心； 3. 电压不对、电线焊接不好	1. 更换或修理电磁铁； 2. 拆卸重新装配； 3. 改正电压，重新焊线
	电磁铁动作响声大	1. 阀芯卡住或摩擦力过大； 2. 电磁铁不能压到底； 3. 电磁铁接触面不良或接触不平； 4. 电磁铁的磁力过大	1. 修研或更换阀芯； 2. 校正电磁铁高度； 3. 清除污物，修整电磁铁； 4. 选用电磁力适当的电磁铁

4.2.2.7 电磁换向阀常见故障及对策

A 电磁铁的故障

（1）吸力不够。由于电磁铁本身的加工误差，各运动件接触部位摩擦力大，或者直流电磁铁衔铁与套筒之间有污物或产生锈蚀而卡死，造成直流电磁铁的吸力不够，动作迟滞；若电磁铁垂直方向安装，而电磁铁又处于阀的下方，电磁铁要承受本身动铁芯与阀芯的重力，有效推力减少。

（2）不动作。因焊接不良，使电磁铁进入线连接松脱而使电磁铁不动作，或因电路故障造成电磁铁不动作。

B 电磁换向阀换向不可靠

换向阀的换向可靠性故障表现为：（1）不换向；（2）换向时两个方向换向速度不一致；（3）停留几分钟后，再通电不能复位。

影响电磁换向阀换向可靠性主要受三种力的约束：（1）电磁铁的吸力；（2）弹簧力；（3）阀芯的摩擦阻力（包括黏性摩擦阻力及液动力）。

换向可靠性是换向阀最基本的性能，为保证换向可靠，弹簧力应大于阀芯的摩擦阻力，以保证复位可靠。而电磁铁吸力又应大于弹簧力和阀芯摩擦阻力二者之和，以保证能可靠地换位。因此从影响这三种力的各因素分析，可查找出换向不可靠的原因和排除方法。

a 电磁铁质量问题产生的不换向

（1）电磁铁质量差或者因引出线受振动而断头，或因焊接不牢而脱落，或因电路故障等原因造成电路不通。电磁铁不通电，换向阀当然不换向。此时，可用电表检查不通电的原因和不通电的位置，并采取对策。

（2）电磁铁固定铁芯上小孔不正对阀体推杆阀芯的轴心线，造成推杆吸合过程中的歪斜，增大阀芯运动副的摩擦力。造成推杆扭斜，更加憋劲。遇到这种情况，可加大固定铁芯穿孔的

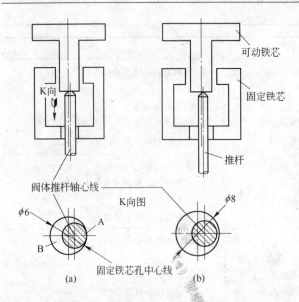

图 4-17　电磁铁固定铁芯上小孔不正

尺寸，如图 4-17 所示，将 $\phi6$ 改为 $\phi8$。

b　因阀部分本身的机械加工、装配质量等不良引起的换向不良

（1）阀芯台肩及阀芯平衡槽锐边处的毛刺，阀体沉割槽锐角处的毛刺清除不干净或者根本就未予以清除，特别是阀体孔内的毛刺往往翻向沉割槽内，很难清除，危害很大。

（2）阀芯与阀孔因几何精度（如圆度、圆柱度）不好，会产生液压卡紧力。加上压力又高，阀芯便经常产生液压卡紧，换向阀不换向。碰到液压卡紧故障时，要检查阀芯与阀孔的几何精度，一般应控制在 0.003～0.005mm 以内。

（3）装阀的螺钉拧得过紧。

（4）电磁换向阀阀体与阀芯的配合间隙很少（一般为 0.007～0.02mm），若安装螺钉拧得过紧，导致阀内孔变形，卡死阀芯而不能换向。螺钉的拧紧力矩最好按生产厂的推荐值，用力矩扳手拧紧。

（5）孔与阀体端面不垂直，电磁铁装上后，造成推杆歪斜憋劲，阀芯运动阻力增大。

c　因污物所致

（1）阀装配时清洗不良或清洗油不干净，污物积存于阀芯与阀体配合间隙中，卡住阀芯。

（2）油液中细微铁粉被电磁铁通电形成的磁场磁化，吸附在阀芯外表面或阀孔内表面引起卡紧，所以液压系统最好装磁性过滤装置。

（3）运转过程中，空气中的尘埃污物进入液压系统，带到电磁阀内。

（4）油箱防尘措施不良，加油时无过滤措施，系统本身过滤不良，造成油液污物进入系统。

（5）液压油老化、劣化，产生油泥及其他污物。

（6）包装运输、修理装配不重视清洗，使污物进入阀内以及由于水分进入造成锈蚀。

4.3　压力控制阀

在液压传动中，液体压力的建立和压力的大小是由外载荷决定的。若液体压力大小不能控制，则液压系统将面临很大危险。压力控制阀就用于控制液压系统中液体压力的范围，通过压力控制阀的调整，使液压系统的工作压力控制在人为设定的范围之内。在液压系统中，各种不同工作机构的支油路的工作压力，也可用压力控制阀来设定不同压力等级范围。

压力控制阀分为溢流阀、减压阀、顺序阀、压力继电器等几类。

4.3.1　溢流阀

溢流阀的作用是限制所在油路的液体工作压力。当液体压力超过溢流阀的调定值时，溢流阀阀口会自动开启，使油液溢回油箱。

4.3.1.1　结构、工作原理及符号表示

A　直动式溢流阀

　　图4-18所示为锥阀式（还有球阀式和滑阀式）直动式溢流阀。当进油口P从系统接入的油液压力不高时，锥阀芯2被弹簧3紧压在阀体1的孔口上，阀口关闭。当进口油压升高到能克服弹簧阻力时，便推开锥阀芯使阀口打开，油液就由进油口P流入，再从回油口T流回油箱（溢流），进油压力也就不会继续升高。当通过溢流阀的流量变化时，阀口开度即弹簧压缩量也随之改变。但在弹簧压缩量变化甚小的情况下，可以认为阀芯在液压力和弹簧力作用下保持平衡，溢流阀进口处的压力基本保持为定值。拧动调压螺钉4改变弹簧预压缩量，便可调整溢流阀的溢流压力。

　　这种溢流阀因压力油直接作用于阀芯，故称直动式溢流阀。直动式溢流阀一般只能用于低压小流量处，因控制较高压力或较大流量时，需要装刚度较大的硬弹簧，不但手动调节困难，而且阀口开度（弹簧压缩量）略有变化便引起较大的压力波动，不能稳定。系统压力较高时就需要采用先导式溢流阀。

　　B　先导式溢流阀

　　图4-19所示为一种板式连接的先导式溢流阀。由图可见，先导式溢流阀由先导阀和主阀两部分组成。先导阀就是一个小规格的直动式溢流阀，而主阀阀芯是一个具有锥形端部、上面开有阻尼小孔的圆柱筒。

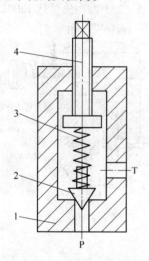

图4-18　直动式溢流阀
1—阀体；2—锥阀芯；
3—弹簧；4—调压螺钉

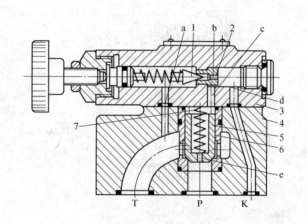

图4-19　先导式溢流阀
1—先导阀芯；2—先导阀座；3—先导阀体；
4—主阀体；5—主阀芯；6—主阀套
7—主阀弹簧

　　如图4-19所示，油液从进油口P进入，经阻尼孔到达主阀弹簧腔，并作用在先导阀锥阀芯上（一般情况下，外控口X是堵塞的）。当进油压力不高时，液压力不能克服先导阀的弹簧阻力，先导阀口关闭，阀内无油液流动。这时，主阀芯因前后腔油压相同，故被主阀弹簧压在阀座上，主阀口也关闭。当进油压力升高到先导阀弹簧的预调压力时，先导阀口打开，主阀弹簧腔的油液流过先导阀口并经阀体上的通道和回油口T流回油箱。这时，油液流过阻尼小孔e，产生压力损失，使主阀芯两端形成了压力差。主阀芯在此压差作用下克服弹簧阻力向上移动，使进、回油口连通，达到溢流稳压的目的。调节先导阀的调压螺钉，便能调整溢流压力。更换不同刚度的调压弹簧，便能得到不同的调压范围。

　　根据液流连续性原理可知，流经阻尼孔的流量即为流出先导阀的流量。这一部分流量通常称泄油量。阻尼孔很细，泄油量只占全溢流量（额定流量）的极小的一部分，绝大部分油液均经主阀口溢回油箱。在先导式溢流阀中，先导阀的作用是控制和调节溢流压力，主阀的功能则在于溢流。先导阀因为只通过泄油，其阀口直径较小，即使在较高压力的情况下，作用在锥阀芯上的液压推力也不很大，因此调压弹簧的刚度不必很大，压力调整也就比较轻便。主阀芯因两端均受油压作用，主阀弹簧只需很小的刚度，当溢流量变化引起弹簧压缩量变化时，进油口的压力变化不大，故先导式溢流阀的稳压性能优于直动式溢流阀。但先导式溢流阀是二级阀，其灵敏度低于直动式阀。

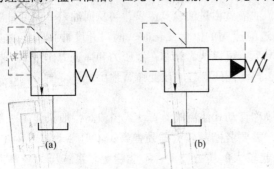

图 4-20　溢流阀的图形符号

（a）一般符号或直动式符号；（b）先导式符号

溢流阀的图形符号如图 4-20 所示。其中，图 4-20a 为溢流阀的一般符号或直动式溢流阀的符号；图 4-20b 为先导式溢流阀的符号。

C　YF 型高压溢流阀

图 4-21a 为 YF 型高压溢流阀的结构，其工作压力可达 31.5～35MPa，流量达 1200L/min。

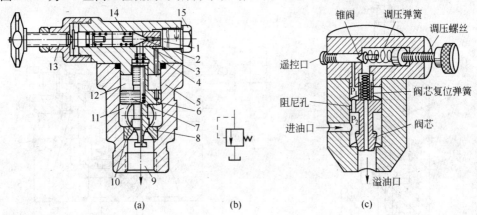

图 4-21　YF 型溢流阀

此溢流阀同样由两部分组成：一部分是由带阻尼孔 6 的阀芯 7 组成的主阀部分；另一部分是由锥阀 2 及弹簧 14 组成的压力调节部分。当高压油从进油口 10 流入油腔 1 的压力超过弹簧 14 的预调压力时，由油腔 11 经阻尼孔 6、油腔 12 进入油腔 1 的高压油将锥阀 2 顶开，油液经阀芯 7 中心孔流出，油腔 11 和 12 之间由于阻尼孔 6 的作用产生压力差，使阀芯 7 上移，将进油腔 11 和回油腔 9 沟通，主阀开始溢流。若将堵头 15 取下，使它与远程调压阀连接，则可进行远程调压，但必须注意，此时应把调压弹簧 14 调到最紧状态。遥控口如果与油箱连接，此时油泵处于卸荷状态，即油泵处于空载运转。从工作原理上看，高压溢流阀与中压溢流阀（即 Y₁ 型溢流阀）是相同的。但高压溢流阀在强度和密封等方面比 Y₁ 型溢流阀要求更高，在材料、结构、工艺和性能上与 Y₁ 型溢流阀有所不同。图 4-21b 所示为溢流阀的职能符号。图 4-21c 为其立体图。

4.3.1.2　电磁溢流阀

YF 型电磁溢流阀（也称电控卸荷溢流阀）是由电磁阀和溢流阀组合而成，用于液压系统的卸载。其外形图见图 4-22，结构示意图见图 4-23，结构装配图见图 4-24，原理简图见图 4-25。

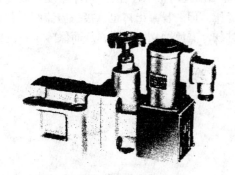

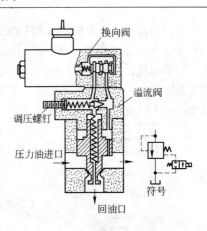

换向阀
溢流阀
调压螺钉
溢流阀
压力油进口
符号
回油口

图 4-22 电磁溢流阀外形图　　图 4-23 电磁溢流阀结构示意图

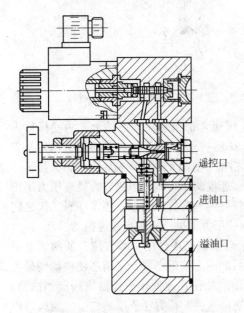

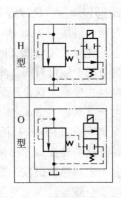

遥控口
进油口
溢油口

H型
O型

图 4-24 YF 型电磁溢流阀结构装配图　　图 4-25 YF 型电磁溢流阀原理简图

　　电磁溢流阀根据用途的不同可分为 H 型（常开式）和 O 型（常闭式）两种。根据溢流口背压的不同可分为内泄式和外泄式。另外，阀用电磁铁又可分为交流 220V、380V，以及直流 24V 等。

　　对于 H 型，当电磁铁断电时，溢流阀远程控制口与油箱接通，先导阀不起作用，则溢流阀卸荷。当电磁铁通电时，溢流阀远程控制口与油箱断开，先导阀起作用，则溢流阀在调压值下工作。

　　将 H 型（常开式）电磁阀阀芯调头装配即可构成 O 型（常闭式）。

　　这两种叠合式电磁溢流不仅具有结构紧凑、空间位置小、减少管路连接、装配容易等优点，而且能改善系统和回路的性能，抗振和抗冲击性能强，并能减少管路的振动等现象。

　　4.3.1.3　溢流阀的用途

　　（1）为定量泵系统溢流稳压。定量泵液压系统中，溢流阀通常接在泵的出口处，与去系统的油路并联，如图 4-26 所示。泵的供油一部分按速度要求由流量阀 2 调节流往系统的执行元件，多余油液通过被推开的溢流阀1流回油箱，而在溢流的同时稳定了泵的供油压力。

（2）为变量泵系统提供过载保护。变量泵系统如图4-27所示，执行元件速度由变量泵自身调节，不需溢流；泵压可随负载变化，也不需稳压。但变量泵出口也常接一溢流阀，其调定压力约为系统最大工作压力的1.1倍。系统一旦过载，溢流阀立即打开，从而保障了系统的安全。故此系统中的溢流阀又称为安全阀。

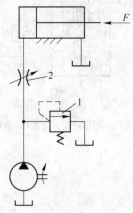
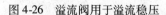

图4-26 溢流阀用于溢流稳压

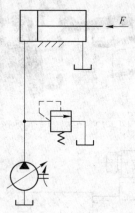

图4-27 溢流阀用于防止过载

（3）实现远程调压。机械设备液压系统中的泵、阀通常都组装在液压站上，为使操作人员就近调压方便，可按图4-28所示，在控制工作台上安装一远程调压阀1，并将其进油口与安装在液压站上的先导式溢流阀2的外控口X相连。这相当于给阀2除自身先导阀外，又接了一个先导阀。调节阀1便可对阀2实现远程调压。显然，远程调压阀1所能调节的最高压力不得超过溢流阀自身先导阀的调定压力。另外，为了获得较好的远程控制效果，还需注意二阀之间的油管不宜太长（最好在3m之内），要尽量减小管内的压力损失，并防止管道振动。

（4）使泵卸荷。在图4-29中，先导式溢流阀对泵起溢流稳压作用。当二位二通阀的电磁铁通电后，溢流阀的外控口即接油箱，此时，主阀芯后腔压力接近于零，主阀芯便移动到最大开口位置。由于主阀弹簧很软，进口压力很低，泵输出的油便在此低压下经溢流阀流回油箱，这时，泵接近于空载运转，功耗很小，即处于卸荷状态。这种卸荷方法所用的二位二通阀可以是通径很小的阀。由于在实用中经常采用这种卸荷方法，为此常将溢流阀和串接在该阀外控口

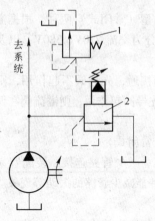

图4-28 溢流阀用于远程调压

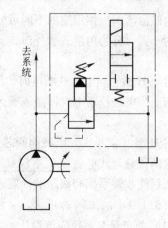

图4-29 溢流阀用于使泵卸荷

的电磁换向阀组合成一个元件，称为电磁溢流阀，如图4-29中点划线框图所示。

（5）高低压多级控制。用换向阀将溢流阀遥控口和几个远程调压阀连接，能在主溢流阀设定压力范围内实现高压多级控制。

（6）低压溢流阀用途与中压溢流阀相同，但由于无卸荷口，故不能用于远程调压与卸荷。

4.3.1.4 溢流阀的常见故障及排除

溢流阀是维持系统压力的关键元件。中、高压系统都采用如图4-30的先导式溢流阀。先导式溢流阀在结构上可分为两部分，下部是主滑阀部分，上部是先导调压部分（图4-30）。这种阀的特点是利用主滑阀上下两端来的压力差 $p - p_1$ 来使主阀阀芯移动，从而进行压力控制的。中、高压溢流阀均采用这种结构，使用压力高，压力超调量小，在同样压力下，手柄的调节力矩小得多。

4.3.1.5 先导式溢流阀的常见故障及排除

A 压力上升得很慢，甚至一点儿也上不去

这一故障现象是指：当拧紧调压螺钉或手柄，从卸荷状态转为调压状态时，本应压力随之上升，但出现这一故障时，压力升得很慢。甚至一点儿也上不去（从压力表观察）。即使上升，也滞后较长一段时间。

分析调压状态的情况可知，从卸压状态变为调压（升压）状态的瞬时，主阀芯紧靠阀盖，而主阀完全开启溢流。当升压调节时，主

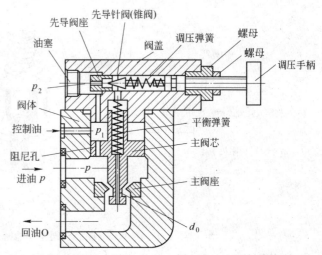

图4-30 先导式溢流阀结构及组成

阀芯上腔压力 p_1 增高，当 p_1 上升到打开先导调压阀时，溢流阀进入调压升压状态，主阀芯与阀座（或阀体）保持一个微小开口，溢流阀主阀芯从卸荷位置下落到调压所需开度所经历的时间，即为溢流阀的回升滞后时间（参阅图4-30）。

影响滞后时间的因素很多，主要与溢流阀本身的主阀芯行程距离 h 和阀芯的关闭速度有关。此处将从已知的阀出发，说明产生这一故障的原因和排除方法。

（1）主阀芯上有毛刺，或阀芯与阀孔配合间隙内卡有污物，使主阀芯卡死在全开位置（图4-31），系统压力上不去。

（2）主阀芯阻尼小孔 e 内有大颗粒的污物堵塞，先导流量几乎为零，压力上升很缓慢，完全堵塞时，压力一点儿也上不去（图4-32）。

（3）安装螺钉拧得太紧，造成阀孔变形，将阀芯卡死在全开位置。

（4）液压设备在运输使用过程中，因保管不善造成阀内部锈蚀，使主阀芯卡死在全开（p 与油箱连通）位置，压力上不去。

（5）平衡弹簧折断，进油压力使主阀芯右移（图4-31），造成压油腔与回油腔 O 连通，压力上不去。或者污物阻塞阻尼小孔 e，或者毛刺污物将阀芯卡死在开启位置。

（6）先导阀阀芯（锥阀）与阀座之间，有大粒径污物卡住，不能密合（图4-33a），主阀弹簧腔压力 p_1 通过先导锥阀连通油箱（O 腔），使主阀芯上（右）移，压力上不去。

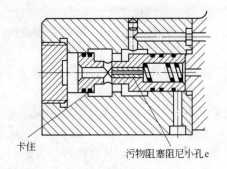

卡住

污物阻塞阻尼小孔e

图 4-31 毛刺等将阀芯卡在全开位置

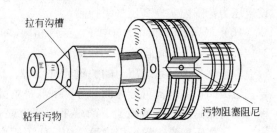

拉有沟槽

粘有污物

污物阻塞阻尼

图 4-32 YF 型阀主阀芯

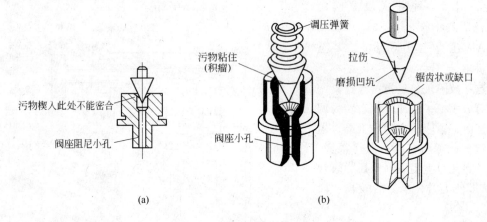

调压弹簧

污物粘住
（积瘤）

阀座小孔

拉伤

磨损凹坑

锯齿状或缺口

污物楔入此处不能密合

阀座阻尼小孔

(a)   (b)

图 4-33 阀芯与阀座不能密合

（7）使用较长时间以后，先导锥阀与阀座小孔密合处产生严重磨损，有凹坑或纵向划痕，或阀座小孔接触处磨成多菱形或锯齿形（图 4-33b）另外此处经常产生气穴性磨损，加上热处理不好，情况更甚。

（8）先导阀阀座与阀盖孔过盈量太小，使用过程中，调压弹簧的弹力将阀座从阀盖孔内压出而脱落，造成压力油经主阀弹簧腔和先导阀盖孔流回油箱，压力上不去。

（9）在图 4-34 所示的回路中，当电磁铁断电后，如果二位二通电磁阀的复位弹簧不能使阀芯复位，如图 4-34a 所示的情形，系统压力上不去；若如图 4-34b 所示的情形，系统不卸荷。

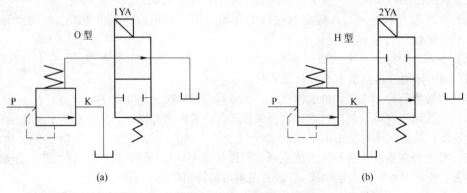

O 型   1YA

P   K

H 型   2YA

P   K

(a)   (b)

图 4-34 电磁溢流阀（电磁阀，溢流阀）

（a）通电卸荷不通电升压；（b）通电升压不通电卸荷

图4-34所示的回路中，图a使用O型二位二通电磁阀，图b使用H型阀，修理时很容易将阀芯装错一头（调头），此时常开变常闭，常闭变常开，须特别注意，不要搞错。

（10）先导阀弹簧折断，压力上不去。解决压力上升很慢及压力一点儿也上不去的办法有：

1）拆洗主阀及先导阀，并用φ（0.8～1.0）mm粗的钢丝通一通主阀芯阻尼孔，或用压缩空气吹通。可排除许多情况下压力上升慢的故障。

2）用尼龙刷等清除主阀芯阀体沉割槽尖棱边的毛刺，保证主阀芯与阀体孔配合间隙在0.008～0.015mm的装配间隙下灵活运动。

3）板式阀安装螺钉，管式阀管接头不可拧得过紧，防止因此而产生的阀孔变形。

4）折断的弹簧要补装或更换。

5）遥控孔K在不需要遥控时应堵死或用螺钉堵塞住。属于图4-34的情况时应检查二位二通电磁阀是否卡死，而使溢流阀总卸荷。

6）阀座破损，先导针阀严重划伤时，要予以更换或经修磨使之密合。

B 压力虽可上升但升不到公称（最高调节）压力

这种故障现象表现为，尽管全紧调压手轮，压力也只上升到某一值后便不能再继续上升，特别是油温高时，尤为显著。产生原因如下：

（1）油温过高，内泄漏量大。

（2）对Y型、YF型阀，较大污物进入主阀芯小孔内，部分阻塞阻尼小孔，使先导流量减少。

（3）先导针阀与阀座之间因液压油中的污物，水分空气及其他化学性腐蚀物质而产生磨损，不能很好地密合，压力也升不上去。

（4）主阀体孔或主阀芯外圆上有毛刺或有锥度，污物将主阀芯卡死在某一小开度上，呈不完全的微开启状态。此时，压力虽可上升到一定值，但不能再升高。

（5）液压系统内其他元件磨损或因其他原因造成的泄漏过大。

C 压力波动大（压力振摆大）

（1）油液中混进空气，进入了系统内。应防止空气进入和排出已进入的空气。

（2）阀座前腔（主阀芯弹簧腔）内积存有空气，可将溢流阀"升压→降压"重复几次，便可排出阀座前腔积存的空气。

（3）针阀因硬度不够，使用过程中会因高频振荡而产生磨损，或因气蚀产生磨损，使得针阀锥面与阀座不密合，应研磨至密合或更换，否则会因先导流量不稳定而造成压力波动。

（4）主阀阻尼孔尺寸φ偏大或阻尼长度太短，起不到抑制主阀芯来回剧烈运动的阻尼减振作用。对Y型阀，阻尼是经加工再敲入阀芯的，阻尼孔径一般为φ（1～1.5）mm。如实际尺寸远大于此尺寸范围，就会产生压力波动。有些生产厂采用拉出三角扇形槽代替圆孔，面积应与相应的孔径面积相等（图4-35）。

（5）先导阀调压弹簧过软（装错）或歪扭变形，致使调压不稳定，压力波动大，应换用

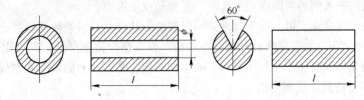

图4-35 主阀阻尼孔

合适的弹簧。

（6）主阀芯运动不灵活，不能迅速反馈稳定到某一开度时，应使主阀芯能运动灵活。

（7）调压锁紧螺母因振动松动。

（8）油泵不正常，泵的压力流量脉动大，影响到溢流阀的压力流量脉动；有些情况，油泵输出的压力流量脉动有可能和溢流阀组成共振系统，则应从排除泵故障入手。

（9）工作油温过高，工作油液黏度选择不当。

（10）滤油器堵塞严重，吸油不畅，使液压系统产生噪声，压力波动大。

4.3.1.6　溢流阀的拆装修理

A　拆卸

（1）松开先导阀与主阀体的连接螺钉，拆下先导阀头。

（2）松开并取下调压手柄，锁紧螺母、弹簧座及调压弹簧。

（3）取出先导锥阀，卸下阀底部螺塞。

（4）拆卸先导阀阀座，方法如图 4-36a 所示。

（5）从主阀体内取出平衡弹簧和主阀芯。

（6）YF 型阀卸下主阀座方法如图 4-36b 所示。

（7）卸主阀体底部螺塞。

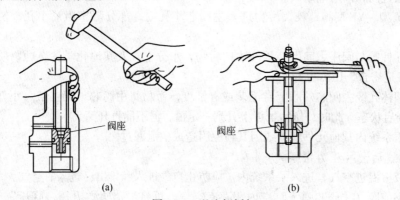

(a)　　　　　　　　　　(b)

图 4-36　溢流阀拆卸

（a）拆卸先导阀阀座的方法；（b）拆卸主阀阀座的方法

B　简单修理

（1）用煤油或柴油清洗干净全部零件。

（2）先导锥阀修理。各种压力阀使用后先导锥阀与阀座密合面的接触部位，常磨损出凹坑和拉伤，此时对整体式淬火的针阀，可夹持其柄部在外圆磨床磨锥面（尖端也磨去一点）再用。磨损严重不能再修复的，更换新锥阀。

（3）先导阀座与 YF 型主阀座的修复（参见图 4-37）。阀座与阀芯相配面，在使用过程中会因压力波动及经常启闭产生撞击；另外由于气蚀，阀座与阀芯接触处容易磨损和磨伤，特别是当油液中有油污楔入阀芯与阀座相配面时，更容易拉伤锥面。

如磨损拉伤不甚严重，可不拆下阀座采用研磨的方法修复，研磨棒的研磨头部锥角与阀座相同（120°），或者用一夹套夹住针阀与阀座对研。如果磨损拉伤严重，则可用 120°中心钻钻刮从阀盖卸下的先导阀阀座和从阀体上卸下的主阀阀座，将阀座上的缺陷和划痕清除干净，然后用 120°研具仔细将阀座研磨光洁。

（4）主阀芯修复。主阀芯主要是外圆的磨损，对 YF 型中高压阀还有与阀座密合锥面的磨

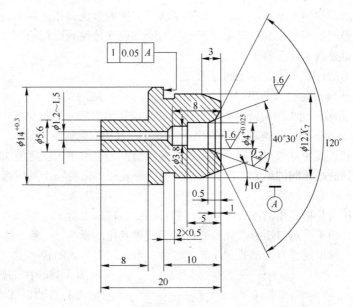

图 4-37 阀座图 (YF 型)

损。主阀芯外圆轻微磨损及拉伤时，可用研磨法修复。磨损严重时可更换新阀。

（5）调压弹簧及平衡弹簧的检查更换。弹簧变形扭曲和损坏，会产生调压不稳定的故障，歪斜严重者予以更换。

（6）主阀体内孔修复。用细油石修磨内孔磨刺及磨痕。

C 装配

（1）用煤油清洗干净全部零件。主阀阀芯清洗后用压缩空气吹通阻尼孔，确保阻尼孔中无污物堵塞。各密封圈更换新件。

（2）将主阀阀芯装入主阀体，在阀内应移动无阻。

（3）将主阀体底部螺塞装上拧紧。

（4）将平衡弹簧装入主阀芯孔内。

（5）将先导阀壳体与主阀体合装，并装上主阀座。

（6）将先导阀底部螺塞装上。

（7）将先导锥阀，调压弹簧及弹簧座装入先导阀孔。

（8）将锁紧螺母及调压手柄装上。

（9）将各孔口密封。

D 注意事项

（1）各零件装配前确保清洗干净，主阀芯阻尼孔无堵塞。

（2）勿用棉纱、破布擦洗零件。

（3）各运动副零件装配时涂润滑油。

4.3.2 减压阀

减压阀是使出口压力（二次压力）低于进口压力的一种压力控制阀。其作用是用来减小并稳定液压系统中某一支路的油液压力，使同一油源能同时提供两个或几个不同压力的输出。

减压阀的减压口实质上是节流口，但是为了和节流阀的节流口相区别，我们把它们称为减压口。因此，流经阀的液流在减压口上必产生压力降。也就是说减压阀的出口压力，永远低于其进口压力。这也是减压阀正常工作的前提。

根据出口压力的性质不同，减压阀分为三类。

（1）定差减压阀。此类阀的出口压力和出口压力保持一定的差值。

（2）定比减压阀。此类阀的特点是出口压力和进口压力保持一定比例。

（3）定值输出减压阀。此类减压阀的特点是出口压力基本保持恒定。

定差和定比减压阀用量很少。定值输出减压阀用量很大。不少人把定值输出减压阀叫做减压阀。本节所提到的减压阀的地方，除去特别声明，都是指的定值输出减压阀。

4.3.2.1　结构及工作原理

定值输出减压阀是最常用的一种减压阀，它可以使出口压力低于进口压力，并使出口压力基本上保持恒定，而不受进口压力变化及通过阀门流量变化的影响。一般不作特别说明的减压阀都属于这一种。减压阀也有直动式和先导式之分，但采用先导式的较多。

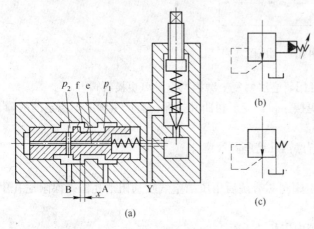

图 4-38　先导式定值输出减压阀
（a）结构原理；（b）先导式符号；（c）一般符号

图 4-38a 中，压力为 p_1 的压力油由阀的进油口 A 流入，经减压口 f 减压后，压力降低为 p_2，再由出油口 B 流出。同时，出口压力油经主阀芯内的径向孔和轴向孔引入到主阀芯的左腔和右腔，并以出口压力作用在先导阀锥上。当出口压力未达到先导阀的调定值时，先导阀关闭，主阀芯左、右两腔压力相等，主阀芯被弹簧压在最左端，减压口开度 x 为最大值，压降最小，阀处于非工作状态。当出口压力升高并超过先导阀的调定值时，先导阀被打开，主阀弹簧腔的泄油便由泄油口 Y 流往油箱。由于主阀芯的轴向孔 e 是细小的阻尼孔，油在孔内流动，使主阀芯两端产生压力差，主阀芯便在此压力差作用下克服弹簧阻力右移，减压口开度 x 值减小，压降增加，引起出口压力降低，直到等于先导阀调定的数值为止。反之，如出口压力减小，主阀芯左移，减压口开大，压降减小，使出口压力回升到调定值上。可见，减压阀出口压力若由于外界干扰而变动时，它将会自动调整减压口开度来保持调定的出口压力数值基本不变。

在减压阀出口油路的油液不再流动的情况下（如所连的夹紧支路油缸运动到底后），由于先导阀泄油仍未停止，减压口仍有油液流动，阀就仍然处于工作状态，出口压力也就保持调定数值不变。

可以看出，与溢流阀、顺序阀相比较，减压阀的主要特点是：阀口常开；从出口引压力油去控制阀口开度，使出口压力恒定；泄油单独接入油箱。这些特点在图 4-38 的元件符号上都有所反映。

4.3.2.2　减压阀的常见故障及排除方法

减压阀的常见故障及排除方法见表 4-4。

表 4-4 减压阀的常见故障及排除方法

故障现象		产生原因	排除方法
调压失灵	调节调压手轮出口压力不上升	1. 主阀芯阻尼孔堵塞或锥阀座阻尼孔堵塞，出油口油压不能控制导阀来调节主阀出口油压； 2. 阻尼孔堵塞后，主阀左腔失去压力作用，使主阀变成弱弹簧力的直动式滑阀，故当减压阀出口压力较低时，就使主阀减压口关闭，使出油口建立不起压力； 3. 主阀芯卡住，关闭时锥阀未安装在阀座内或外控口未堵住等均会使压力建立不起来	1. 检查清洗使阻尼孔畅通； 2. 检查清洗使阻尼孔畅通； 3. 拆卸检查逐一处理
	出口压力上升后达不到额定值	调压弹簧选用错误，或产生永久变形，或压缩行程不够，或锥阀磨损过大	检查锥阀芯与弹簧，并更换备件
	调节调压手轮时出口与进口油压同时上升或下降	1. 锥阀座阻尼小孔堵塞； 2. 泄油口堵住了； 3. 单向减压阀的单向阀泄漏	1. 检查清洗； 2. 检查处理； 3. 检查处理
	调压时出口油压跟随进口油而变化	1. 锥阀座阻尼小孔堵塞以后，就无先导流量通过主阀阻尼孔，使主阀芯左、右腔油压平衡，主阀芯在其弹簧作用下，处于最下部位置，使减压阀通流面积为最大，这时出口压力就随进口压力而变化； 2. 泄油口堵住，也相当于锥阀座阻尼孔堵塞； 3. 当单向减压阀的单向阀泄漏严重时，进油口油压，通过泄漏处传给出油口，使出口压力也会随进口而变化	1. 拆卸清洗锥阀座阻尼小孔； 2. 拆卸清洗锥阀座阻尼小孔； 3. 拆开检查单向阀磨损及密封情况并处理
	调节调压手轮时出油口压力不下降或出口压力达不到最低调定压力	1. 主阀芯卡住； 2. 先导阀中 O 形密封圈与阀盖配合过紧	1. 拆卸处理； 2. 检查处理
其他	阀芯径向卡紧使阀的各种性能下降	由于减压阀（含单向减压阀）的主阀弹簧力很弱，主阀芯在高压情况下就易产生径向卡紧，使阀性能下降	检查处理
	工作压力调定后出油口压力自行升高	出口压力调定后，因工况条件变化，使减压阀出口流量为零时，出口压力会因主阀芯配合过松或磨损过大，使主阀的泄漏量过大，而引起的压力升高	检查主阀芯的配合与磨损情况，并更换备件
	噪声、压力波动与产生振荡	1. 因它也是先导式的双级阀，故其噪声与压力波动原因基本同先导式溢流阀； 2. 在超过额定流量范围使用时，易产生主阀振荡	1. 同溢流阀； 2. 必须按额定流量使用

4.3.2.3 减压阀的用途

（1）减压阀是一种可将较高的进口压力（一次压力）降低为所需的出口压力（二次压力）的压力调节阀。根据各种不同的要求，减压阀可将油路分成不同的减压回路，以得到各种不同的工作压力。

减压阀的开口缝隙。随进口压力变化而自行调节，因此能自动保证出口压力基本恒定，可作稳定油路压力之用。

将减压阀与节流阀串联在一起，可使节流阀前后压力差不随负载变化而变化。

管式减压阀有一个进口，两个出口；板式减压阀有进出口各一个。减压阀职能符号如图 4-39 所示。P_1

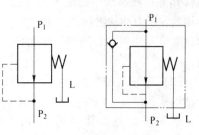

图 4-39 减压阀职能符号

为进口，P_2 为出口，L 为泄油口（L 应单独接回油箱）。管式减压阀开有远程调压管口（以 K 表示）。

（2）单向减压阀由单向阀和减压阀并联组成，其作用与减压阀相同。液流正向通过时，单向阀关闭，减压阀工作。当液流反向时，液流经单向阀通过，减压阀不工作。

4.3.3　顺序阀

顺序阀是利用系统压力变化的信号来控制油路的通断，从而可以使两个被控执行机构自动地按先后顺序动作。为了防止液动机的运动部分因自重下滑，有时采用顺序阀使回油保持一定的阻力，这时顺序阀叫做平衡阀。当系统压力超过调定值时，顺序阀还可以使液压泵卸荷，这时叫做卸荷阀。

4.3.3.1　顺序阀的结构及工作原理

顺序阀的结构如图 4-40 所示，它也由阀芯、阀体、调压弹簧等组成。和溢流阀不同的是，顺序阀的出油口 P_2 输出的油液不是回油箱，而是推动下一个液压缸 Ⅱ 实现与液压缸 Ⅰ 的顺序

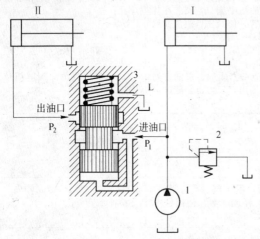

图 4-40　顺序阀工作原理图
1—液压泵；2—溢流阀；3—顺序阀

动作。因此，通过阀芯间隙泄漏到弹簧腔的油液必须通过单独的泄油孔 L 回油箱。液压泵 1 输出的油液一路通往液压缸 Ⅰ，另一路通往顺序阀进油口 P_1。当液压泵的出口压力低于顺序阀的调定压力时，作用于顺序阀阀芯底部向上的液压力小于弹簧力，阀芯被压向下端，顺序阀口关闭，出油口 P_2 没压力油输出，此时液压泵输出的油液全部进入液压缸 Ⅰ 的左腔推动活塞 Ⅰ 右行。液压缸的活塞运动到极限位置停止后，液压泵继续供油，系统压力升高，当系统压力高于顺序阀调定压力时，滑阀阀芯下端的液压力大于弹簧力，使阀芯上移，出油口 P_2 打开，压力油即进入液压缸 Ⅱ 左腔推动活塞 Ⅱ 右行。由此可见，由于液压缸 Ⅰ 和 Ⅱ 之间串联了顺序阀 3，利用压力变化作为信号实现了

两者的顺序动作。在这个系统中，为了保证液压缸 Ⅰ 和 Ⅱ 的可靠动作程序，防止因压力冲击产生误动作，顺序阀 3 的调定压力要高于液压缸 Ⅰ 最大工作压力 0.5~0.8MPa，溢流阀 2 的调定压力要能保证液压缸 Ⅱ 的最大载荷需要。

4.3.3.2　中低压顺序阀

（1）直动式顺序阀。图 4-41 所示为直动式顺序阀结构及符号。工作原理是压力油从进油口 P_1 通过阀芯的小孔流入其底部。如液压力大于弹簧预紧力时，阀芯上移，进出油口 P_1、P_2 相通，压力油从出油口 P_2 输出，操纵另一级执行元件的动作，同时弹簧腔内的油液可从泄油口 L 流入油箱。如进油口 P_1 的液压力低于弹簧预紧力时，阀芯处于最下端，进出油口不通。

（2）先导式顺序阀。图 4-42 所示为先导式顺序阀结构及符号。它的结构与先导式溢流阀的结构基本相同。但先导式顺序阀采用单独的泄油口 L。它的工作原理是当进油油口（图中未标）通入压力油，其液压力超过弹簧力，使进出油口相通，操纵另一级执行元件动作。

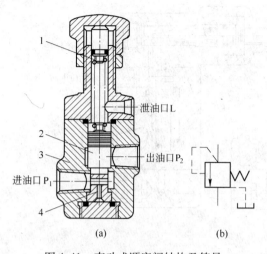

图 4-41 直动式顺序阀结构及符号

(a) 结构图；(b) 图形符号

1—弹簧；2—阀心；3—阀体；4—小孔

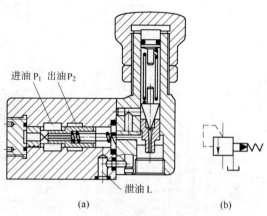

图 4-42 先导式顺序阀结构及符号

(a) 结构图；(b) 图形符号

4.3.3.3 高压顺序阀

图 4-43a 所示为直动式内控高压顺序阀。阀的进口油压较高（可达 32MPa），为避免弹簧 1 设计得过于粗硬，所以不让控制油与阀芯 2 直接接触，而是让它作用在阀芯下端处直径较小的控制活塞 4 上，以减小油压对阀芯 2 的作用力。

阀的工作原理为，当进口油压低于调压弹簧的调定值时，控制活塞 4 下端的油压作用力小于弹簧 1 对阀芯 2 的作用力，阀芯处于图示的最低位置，阀口封闭。当进口油压超过弹簧的调定值时，活塞才有足够的力量克服弹簧的作用力将阀芯顶起，使阀口打开，进出油口在阀内形成通道，此时油液经出油口流出。

图 4-43c 为先导式内控高压顺序阀的结构。其工作原理与图 4-38 相同。图示位置控制油来自阀的内部。如图 4-43b 所示，将底盖旋转 90°安装即可成为外控式，即顺序阀的进油口 P_1 的通和断不由其进油口的油压控制，而是由单独的外部油源来控制，外控式顺序阀也称做液控顺序阀，其图形符号见图 4-43d，如图 4-43a 所示，也可将下端盖旋转 90°安装，改为液控顺序阀。同理，中低压顺序阀中也有专用的液控顺序阀。先导式顺序阀因采用了先导阀，所以启闭特性好，且扩大了顺序阀的压力范围，使其工作压力可达 31.5MPa。

当把外控式顺序阀的出油口接通油箱，且外泄改内泄后，即可构成所谓卸荷阀，其图形符号见图 4-43e。

各种顺序阀的图形符号如表 4-5 所示。

表 4-5 顺序阀图形符号

名称	顺序阀	外控顺序阀	卸荷阀	内控单向顺序阀	外控单向顺序阀	内控平衡阀	外控平衡阀
职能符号							

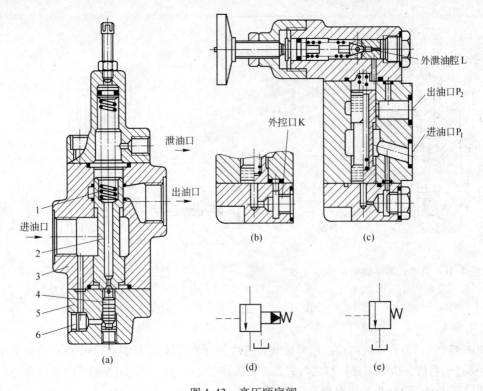

图 4-43　高压顺序阀

（a）直动式内控；（b）先导式外控；（c）先导式内控；
（d）液控顺序阀符号；（e）卸荷阀符号

1—弹簧；2—阀芯；3—阀体；4—活塞；5—阀座；6—螺堵

4.3.3.4　中低压顺序阀的用途

顺序阀直接利用进口油路本身的压力来控制液压系统中两执行元件动作的先后顺序，以实现油路系统的自动控制。

当进口油路的压力未达到顺序阀所预调的压力之前，此阀关闭；当达到后，此阀开启，油流自出口进入二次压力油路，使下一级液压元件动作。如将出口压力油路通回油箱，则作卸荷阀用。

单向顺序阀由单向阀和顺序阀并联组成。其作用与顺序阀相同。当液流正向通过时，单向阀关闭，顺序阀工作。当液流反向时，液流经单向阀自由通过，顺序阀不工作。

单向顺序阀可用以防止垂直机构因其本身重量而自行下沉，使油缸下腔保持一定的压力，起到平衡重锤的作用，故又称为平衡阀。此时应将油缸下腔中的压力油接入此阀的进油口。液动顺序阀是由外来液流压力信号控制滑阀开启的顺序阀。当控制压力未达液动顺序阀所预调的压力时，此阀关闭。当达到预调压力后，此阀开启，起到顺序阀的作用，用途与顺序阀相同。

液动单向顺序阀由单向阀和液动顺序阀并联组成。其作用与顺序阀相同。当液流正向通过时，单向阀关闭，顺序阀工作。当液流反向时，液流经单向阀自由通过，顺序阀不工作。

4.3.3.5　顺序阀的常见故障及排除方法

顺序阀的常见故障及排除方法见表4-6。

表 4-6 顺序阀的常见故障及排除方法

故障现象		产 生 原 因	排 除 方 法
不起顺序作用	进出油口压力同时上升或下降	1. 阀芯内的阻尼孔堵塞，使控制活塞的泄漏油无法进入调压弹簧腔，流回油箱，时间一长，进油腔压力通过泄漏油传入阀的下腔，并作用在阀芯下端面上，使阀芯处于全开位置，变成常开阀，则进、出口压力必然同时上升或下降； 2. 阀芯全开后被卡住，也会变成常开阀	1. 拆卸清洗阻尼孔； 2. 检查清洗异物
	出油腔无油输出	1. 泄油口安装成内部回油形式，使调压弹簧腔的油压等于出油腔的油压。因阀芯上端面积大于控制活塞端面积，则阀芯在油压作用下处于常开状态，或者阀芯在阀口关闭位置卡住，均会出现油腔无流量现象； 2. 端盖上的阻尼小孔堵塞，控制油不能进入控制活塞腔，阀芯在调压弹簧作用下使阀口关闭，则出油口也没有流量	1. 检查泄油口是否装成内泄式，并要改装。清洗脏物防卡住； 2. 检查清洗

4.3.4 压力继电器

4.3.4.1 压力继电器的工作原理

压力继电器是利用液体压力来启闭电气触点的液电信号转换元件。当系统压力达到压力继电器的调定压力时，压力继电器发出电信号，控制电气元件（如电机、电磁铁、电磁离合器、继电器等）的动作，实现泵的加载、卸荷，执行元件的顺序动作、系统的安全保护和联锁等。

压力继电器由两部分组成。第一部分是压力—位移转换器，第二部分是电气微动开关。

若按压力—位移转换器的结构将压力继电器分类，有柱塞式、弹簧管式、膜片式和波纹管式四种。其中柱塞式的最为常用。

若按微动开关将压力继电器分类，有单触点式和双触点式。其中以单触点式的用得较多。

柱塞式压力继电器的工作原理见图 4-44。

当系统的压力达到压力继电器的调定压力时，作用于柱塞 1 上的液压力克服弹簧力，顶杆 2 上移，使微动开关 4 的触头闭合，发出相应的电信号。调整螺帽 2 可调节弹簧的预压缩量，从而可改变压力继电器的调定压力。

此种柱塞式压力继电器宜用于高压系统。但位移较大，反映较慢，不宜用在低压系统。

膜片式压力继电器的工作原理见图 4-45。

控制油口 K 和系统相连。当系统压力达到压

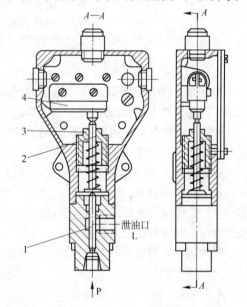

图 4-44 柱塞式压力继电器
1—柱塞；2—顶杆；3—调节螺帽；4—微动开关

力继电器的调定压力时，承压的膜片 11 变形。柱塞 10 上升，心杆 4 上升。心杆 4 的突肩和套筒 3 之间的轴向间隙，就是膜片 11 最大的位移，此位移量很小。

柱塞 10 上升时利用其锥面，一方面通过钢球 7 压缩弹簧 9，另一方面通过钢球 6 推动杠杆 13，使其绕销轴 12 做反时针方向转动。杠杆 13 压下微动开关 14 的触头，发出电信号。

调节螺钉 1 可改变弹簧 2 的预压缩量，从而可以改变压力继电器的调定压力。

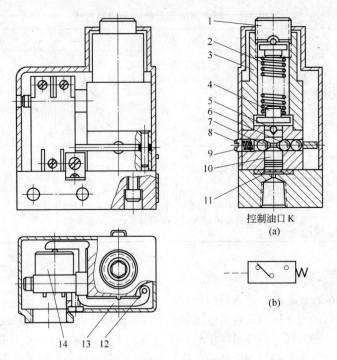

控制油口 K

(a)

(b)

图 4-45　膜片式压力继电器

（a）结构原理图；（b）符号

1—调节螺钉；2，9—弹簧；3—套筒；4—芯杆；5~7—钢球；8—调节螺钉；
10—柱塞；11—膜片；12—销轴；13—杠杆；14—微动开关

当油口 K 的压力下降到一定数值时，弹簧 2 和 9 通过钢球 5 和 7 将柱塞 10 压下。同时，钢球 6 进入柱塞 10 的锥面槽内，微动开关的触头复位，并将杠杆 13 推回原位，电路断开。

弹簧 9 的弹簧力作用在柱塞 10 向上的锥面上，其轴向分力使柱塞下行，其径向分力使柱塞贴紧柱塞孔的内壁，从而使柱塞运动时产生摩擦力。

摩擦力的方向永远和柱塞的运动方向相反。柱塞上行时，压力油除要克服弹簧 2 的弹簧力外，还要克服摩擦力。柱塞下行时，弹簧力要克服油压力和摩擦力。所以，开启微动开关的压力小于闭合微动开关的压力。调节螺钉 8，可以改变弹簧 9 的预压缩量，从而可以改变微动开关闭合压力和开启压力的差值。

膜片式压力继电器的位移很小，反应快，重复精度高，但易受压力波动影响。不能用于高压，只能用于低压。

4.3.4.2　压力继电器的应用

（1）构成卸荷回路。例如系统达到压力继电器的调定压力时，压力继电器发出信号控制二位二通阀的电磁铁，使二位二通阀处于通路。二位二通阀使溢流阀的远程控制口通油箱，则泵卸荷。

（2）构成保压回路。系统压力达到压力继电器的调定压力时，压力继电器发出电信号，使泵停机。此时靠蓄能器使系统保压。当系统压力低到一定程度时，压力继电器使泵重新启动，一方面向系统提供压力油，一方面使蓄能器充压。

（3）构成顺序回路。第一个液压缸运动到位后压力继续升高，当达到压力继电器的调定压力时，压力继电器发出电信号控制第二个缸的电磁换向阀，使第二个缸动作。这样，就保证了两个缸的顺序动作。

（4）由压力继电器发出指示信号、报警信号或利用压力继电器发出的电信号使两个电路联锁，从而使两个油路联锁而实现两个机械动作的联锁。也可利用压力继电器发出的电信号使电路接通或切断，从而构成油路的沟通或断路，进而对系统起保护作用。

4.4 流量控制阀

流量控制阀在液压系统中可控制执行元件的输入流量大小，从而控制执行元件的运动速度大小，流量控制阀主要有节流阀和调速阀等。

节流阀是利用阀芯与阀口之间缝隙大小来控制流量，缝隙越小，节流处的过流面积越小，通过的流量就越小；缝隙越大，通过的流量越大。

4.4.1 节流阀的结构形式

4.4.1.1 L型节流阀

L型节流阀的结构如图4-46a所示，油液从进油口进入，经孔道和阀芯1左端的节流沟槽进入孔a，再从出油口流出。调节流量时可以转动手柄3，利用推杆2使阀芯作轴向移动；弹簧4的作用是使阀芯始终向右压紧在推杆上。改变节流口的大小，可调节通往液压缸Ⅲ的流量以实现调速要求。定量泵排出的多余油液则通过溢流阀Ⅱ分流，同时，溢流阀可对泵的出口进行调压。

L型节流阀属中低压系列。负载变化小时，流量稳定，可实现低速稳定进给。

4.4.1.2 高压节流阀

图4-47为高压简式节流阀的结构。本阀阀芯3的锥台上开有三角形槽。转动调节手轮1，阀芯3产生轴向位移，节流口的开口量即发生变化。阀芯越上移开口量就越大。这种节流阀进油腔压力油直接作用在阀芯下端承压面上，所以在油液压力较高时，手轮的调节就很困难。当

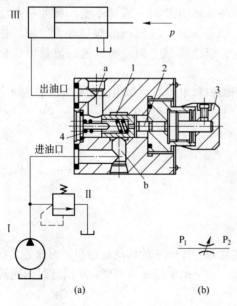

(a)　　　　　(b)

图4-46　L型节流阀的结构和工作原理

1—阀芯；2—推杆；3—手柄；4—弹簧

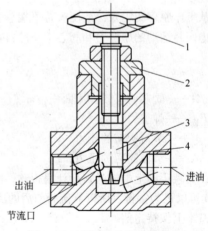

图4-47　高压简式节流阀结构

1—调节手轮；2—螺盖；3—阀芯；4—阀体

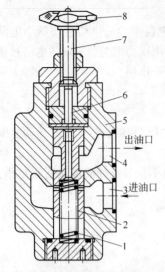

图 4-48　LFS 型节流阀

1—弹簧；2—阀芯；3—进油口；
4—出油口；5—阀体；6—顶杆；
7—调节螺钉；8—调节手轮

4.4.2.1　调速阀

需要在高压下使用节流阀时，可采用图 4-48 所示的 LFS 型节流阀。这种节流阀可通过阀芯上的中间通道使进油腔压力油同时作用在阀芯上下端承压面上，使阀芯两端液压力平衡。所以，此阀即使在高压下工作，也能轻便地调节阀口开度。

4.4.2　流量阀的压力和温度补偿

节流阀由于刚性差，在节流开口一定的条件下，通过它的工作流量受工作负载（即出口压力）变化的影响，不能保持执行元件运动速度的稳定，因此只适用于工作负载变化不大和速度稳定性要求不高的场合。由于负载的变化很难避免，为了改善调速系统的性能，通常是对节流阀进行压力补偿，即采取措施使节流阀前后压力差在负载变化时始终保持不变。从而使通过节流阀的流量只由其开口大小来决定。节流阀的压力补偿方式是将定差减压阀和节流阀串联起来，组合而成调速阀。这种压力补偿方式是通过阀芯的负反馈动作来自动调节节流部分的压力差基本保持不变。

油温变化所引起的油的黏度变化，必将导致通过节流阀的流量产生相应的变化，为此出现了温度补偿调速阀。

图 4-49 所示为应用调速阀进行调速的工作原理图。调速阀的进口压力 p_1 由溢流阀调定，油液进入调速阀后先经减压阀 1 的阀口将压力降至 p_2，然后再经节流阀 2 的阀口使压力由 p_2 降至 p_3。减压阀 1 上端的油腔 b 经孔 a 与节流阀 2 后的油液相通（压力为 p_3）。它的肩部油腔 c 和下端油腔 e 经孔 f 及 d 与节流阀 2 前的油液相通（压力为 p_2），使减压阀 1 上作用的液压力与弹簧力平衡。调速阀的出口压力 p_3 是由负载决定的。当负载发生变化，则 p_3 和调速阀进出口压力差 $p_1 - p_3$ 随之变化，但节流阀两端压力差 $p_2 - p_3$ 却不变。例如负载增加使 p_3 增大，减压阀芯弹簧腔液压作用力也增大，阀芯下移，减压阀的阀口开大，减压作用减小，使 p_2 有所提高，结果压差 $p_2 - p_3$ 保持不变，反之亦然。调速阀通过的流量因此就保持恒定了。

从工作原理图中知，减压阀芯下端总有效作用面积和上端有效作用面积相等，皆为 A，若不考虑阀芯运动的摩擦力和阀芯本身的自重，阀芯上受力的平衡方程式为

$$p_2 A = p_3 A + F_{簧}$$

即

$$\Delta p = p_2 - p_3 = F_{簧}/A$$

式中　A——阀芯的有效作用面积，m^2；

　　　$F_{簧}$——弹簧力，N；

　　　p_2——节流阀前的压力，Pa；

　　　p_3——节流阀后的压力，Pa。

因为减压阀上端的弹簧设计得很软，而且在工作过程中阀芯的移动量很小，因此等式右边 $F_{簧}/A$ 可以视为常量，所以节流阀前后的压力差 $\Delta p = p_2 - p_3$ 也可视为不变，从而通过调速阀的流量基本上保持定值。

由上述分析可知，不管调速阀进、出压力如何变化，由于定差减压阀的补偿作用，节流阀前后的压力降将基本上维持不变。故通过调速阀的流量基本上不受外界负载变化的影响。

由图4-49d中可以看出，节流阀的流量随压力差变化较大，而调速阀在压力差大于一定数值后，流量基本上保持恒定。当压力差很小时，由于减压阀阀芯被弹簧压在最下端。不能工作，减压阀的节流口全开，起不到节流作用，故这时调速阀的性能与节流阀相同。所以，调速阀的最低正常工作压力降应保持在0.4~0.5MPa以上。图4-49b、c均为其图形符号。

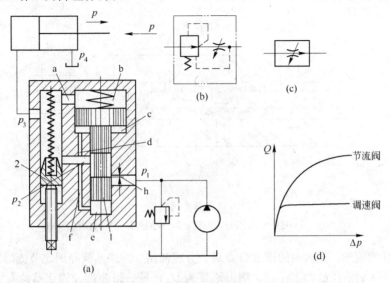

图 4-49 调速阀的结构和工作原理

（a）结构图；（b）调速阀符号；（c）简化符号；（d）节流阀和调速阀的特性曲线

4.4.2.2 温度补偿调速阀

调速阀消除了负载变化对流量的影响，但温度变化的影响仍然存在。对速度稳定性要求高的系统，需用温度补偿调速阀。

温度补偿调速阀与普通调速阀的结构基本相似，主要区别在于前者的节流阀阀芯上连接着一根温度补偿杆，如图4-50所示。温度变化时，流量本会有变化，但由于温度补偿杆的材料为温度膨胀系数大的聚氯乙烯塑料，温度高时长度增加，使阀口减小，反之则开大。故能维持流量基本不变（在20~60℃范围内，流量变化不超过10%）。

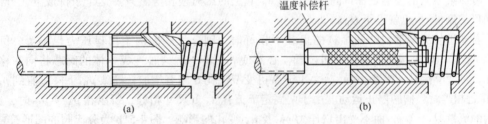

图 4-50 温度补偿的结构原理

（a）普通调速阀；（b）带温度补偿杆的调速阀

4.4.3 分流集流阀

分流集流阀是分流阀、集流阀和分流集流阀的总称。

分流阀的作用是使液压系统中的同一个能源向两个执行元件供应相同的流量（等量分流）或按一定比例向两个执行元件供应流量（比例分流），以实现两个执行元件的速度保持同步或定比关系。集流阀的作用则是从两个执行元件收集等流量或按比例的液流量，以实现其间的速度同步或定比关系，单独完成分流（集流）作用的液压阀称分流（集流）阀，能同时完成上述分流和集流功能的阀称为分流集流阀。

分流阀的工作原理和图形符号如图4-51a、b所示。图中左阀芯2和右阀芯4采用挂钩式结构。其工作原理如下。

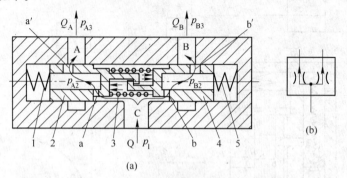

图 4-51 分流阀原理图
1，5—对中弹簧；2—左阀芯；3—中间弹簧；4—右阀芯

流量为 Q 的液流，进入阀的进油口 C 后，分成两路：一路油流经固定节流口 a、可变节流口 a′、出油口 A 到液压缸的工作腔，输出流量为 Q_A；另一路油流经固定节流孔 b、可变节流口 b′、出油口 B 到另一液压缸的工作腔，流量为 Q_B。

用分流集流阀的系统采用恒压能源，故阀的进口压力 p_1 基本上是定值。压力 p_1 作用于左阀芯2 的右端和右阀芯4 的左端。经过固定节流孔 a、b 后，压力分别降为 p_{A2} 和 p_{B2}。p_{A2} 作用于左阀芯2 的左端面；p_{B2} 作用于右阀芯4 的右端面。因 $p_1 > p_{A2}$，$p_1 > p_{B2}$，加上中间弹簧3 的作用，使互相挂钩的左右两阀芯张开，成为一个整体。经过可变节流口 a′和 b′后，压力 p_{A2} 降为 p_{A3}，压力 p_{B2} 降为 p_{B3}，p_{A3} 和 p_{B3} 即阀的出口压力，即两个液压缸工作腔中的压力。当两个缸的负载相同时，$p_{A3} = p_{B3}$，阀芯在对中弹簧的作用下居于中位，可变节流口 a′、b′的开口量相等，$p_{A2} = p_{B2}$。固定节流口上的压力差相等，$p_1 - p_{A2} = p_1 - p_{B2}$。流过固定节流口的流量（因为是串联，并无其他支路），因此也就是流过可变节流口的流量，也就是阀出口的流量。即 $Q_A = Q_B$。

分流集流阀的关键是保持固定节流口 a、b 上的压力差相等。只要这个条件成立，分流阀出油口的流量 Q_A 也就等于 Q_B。

若通过分流阀带动的两个缸的负载不相等时，则分流阀的两个出口压力也不等。例如，$p_{B3} > p_{A3}$ 时，如果阀芯仍留在中间位置，必然使 $p_{B2} > p_{A2}$，这时连成一体的阀芯将向左移动。因此，可变节流孔 a′减小，导致 p_{A2} 上升，可变节流孔 b′略有增加，导致 p_{B2} 下降。直到 p_{B2} 与 p_{A2} 接近相等时，阀芯停止运动。由于两固定节流孔 a、b 尺寸相等，所以在 $p_{A2} \approx p_{B2}$ 时，通过它们的流量 $Q_A \approx Q_B$，而不受出口压力 p_{B3} 及 p_{A3} 变化的影响。图4-51b为分流阀的图形符号。

集流阀的工作原理和图形符号如图4-52a、b所示。使用集流阀的系统也采用恒压能源。压力恒定的液流分别进入两个缸的工作腔。从缸排出的油分别进入集流阀的进油口 A 和 B，再分别经过两个可变节流口和两个固定节流口，经阀的出油口 C 汇集成一股液流后排出。

从两个缸排出的油，压力分别为 p_{A3} 和 p_{B3}，经过两个可变节流口后分别降为 p_{A2} 和 p_{B2}，再经过两固定节流口后，压力均降为 p_1。在集流阀后串接背压阀，以保证 p_1 不会为零。

因 p_{A2} 和 p_{B2} 均大于 p_1，所以挂钩脱开，左右阀芯互相压紧靠拢。由于有中间弹簧，使左右阀芯成为整体。

集流阀的工作原理与分流阀相同，只不过油流方向相反，由两股液流合成一股液流。

当 $p_{A3} \neq p_{B3}$ 时，靠阀芯的调节作用也可使 $Q_A \approx Q_B$。图 4-52b 为集流阀的图形符号。若同时完成分流和集流功能的阀则称分流集流阀，其图形符号如图 4-53 所示。

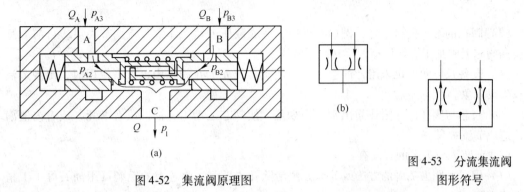

图 4-52　集流阀原理图

图 4-53　分流集流阀
图形符号

本阀因有固定和可变两重节流口，故阀的进出油口之间的压差损失较大，不宜用在低压系统。阀芯的轴线只宜处于水平位置，若垂直安放则影响同步精度。分流集流阀在过渡过程中不能保证同步精度，故不宜用在频繁换向的系统。

分流集流阀的同步精度约在 2%～5% 范围内。分流集流阀本身和由它组成的液压系统都比较简单，但受温度影响较大。

4.4.4　节流阀与调速阀的常见故障及排除方法

4.4.4.1　节流作用失灵，使执行元件不能变速或者速度变化范围不大

这种故障现象表现为：当调节手柄时，节流阀出口流量并不随手柄的松开或拧紧而变化，使执行元件的速度总是维持在某一值（由节流阀阀芯卡死在何种开度位置而定）。

导致节流作用失灵的原因有：

（1）节流阀芯因毛刺卡住或因阀体沉割槽尖边及阀芯倒角处的毛刺卡住阀芯。此时虽松开调节手柄带动调节杆上移，但因复位弹簧力克服不了阀芯卡紧力，而不能使阀芯跟着调节杆上移而上抬（图 4-54）。当阀芯卡死在关闭阀口的位置，则无流量输出，执行元件不动作；当

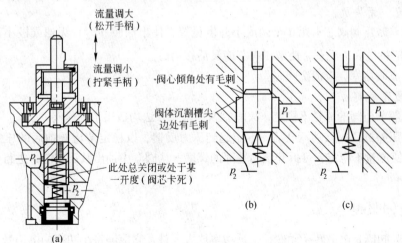

图 4-54　节流阀节流失灵时的状况
（a）结构图；（b）全关死；（c）某一开度

阀芯卡死在某一开度位置，只有小流量输出，执行元件只有某一速度。

（2）因油中污物卡死阀芯或堵塞节流口。油液很脏，工作油老化，油液未经精细过滤，这样污染的油液经过节流阀，污染粒子楔入阀芯与阀体孔配合间隙内，出现同上述相同的节流失灵现象。

（3）阀孔的形位公差不好，例如有锥度，造成液压卡紧，导致节流调节失灵。目前 L 型节流阀阀芯上未加工有均压槽，容易产生液压卡紧。

（4）设备长时间停机未用，油中水分等使阀芯锈死卡在阀孔内，重新使用时，出现节流调节失灵现象。

（5）阀芯与阀孔内外圆柱面出现拉伤划痕，使阀芯运动不灵活，或者卡死，或者内泄漏大，造成节流失灵。

解决节流调节失灵的方法有：

（1）用尼龙刷去毛刺的方法或其他方法清除孔内毛刺，阀芯上的毛刺可用油石等手工精修方法去除。

（2）对于阀孔失圆或配合间隙过小，可研磨阀孔修复，或重配阀芯。

（3）对油液不干净时，需采用换油，加强过滤的措施。

（4）将阀芯轻微拉毛，可抛光再用，严重拉伤时可先用无芯磨磨去伤痕，再电镀修复。

4.4.4.2　调速阀常见故障及排除方法

A　补偿机构（定差减压阀）不动作，调速阀如同一般节流阀

产生原因与排除方法是：

（1）减压阀芯被污物卡住，此时可拆开清洗。

（2）进出口压差过小，p_1 与 p_2 对中低压 Q 型调速阀至少为 0.6MPa，对中高压一般最低为 1MPa。

B　节流阀流量调节手柄调节时十分费力

（1）调节杆被污物卡住，或调节手柄螺纹配合不好，根据情况采取对策。

（2）用于进油节流调速时，调速阀出口压力（一般为负载压力）过高，此时需卸除压力，再调节手柄。

C　节流作用失灵

（1）定差减压阀阀芯卡死在全闭或小开度位置，使出油腔（p_2）无油或极小油液通过节流阀，此时应拆洗和去毛刺，使减压阀芯能灵活移动。

（2）节流阀堵塞，应清洗阀芯。

D　流量不稳定

（1）一般节流阀的流量不稳定，故障原因和排除方法均适用于调速阀。

（2）定压差减压阀移动不灵活，不能起到压力反馈，以稳定节流阀前后的压差成一定值的作用，而使流量不稳定，可拆开该阀端部的螺塞，从阀套中抽出减压阀芯，进行去毛刺清洗及精度检查。

4.5　电液伺服阀

电液伺服阀既是电液转换元件，也是功率放大元件，它能够将小功率的电信号输入转换为大功率的液压能输出。电液伺服阀具有控制灵活、精度高、输出功率大等优点，因此在液压控制系统中得到广泛的应用。

4.5.1 电液伺服阀的工作原理

电液伺服阀的工作原理如图4-55所示。它由电磁和液压两部分组成，电磁部分是一个动铁式力矩马达，液压部分是一个两级液压放大器。液压放大器的第一级是双喷嘴挡板阀，称为前置放大级；第二级是四边滑阀，称功率放大级。当线圈中没有电流通过时，力矩马达无力矩输出，挡板处于两喷嘴中间位置。当线圈通入电流后，衔铁因受到电磁力矩的作用偏转角度 θ，由于衔铁固定在弹簧管上，这时弹簧管上的挡板也偏转相应的 θ 角，使挡板与两喷嘴的间隙改变，如果右面间隙增加，左喷嘴腔内压力升高，右腔压力降低，主阀芯（滑阀芯）在此压差作用下右移。由于挡板下端的球头是嵌放在滑阀的凹槽内，在阀芯移动的同时，带动球头上的挡板向右移动，使右喷嘴与挡板的间隙逐渐减小。当滑阀上的液压作用力与挡板下端球头因移动而产生的弹性反作用力达到平衡时，滑阀便

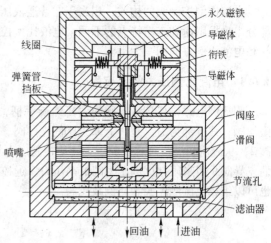

图 4-55　电液伺服阀工作原理图

不再移动，并使其阀口一直保持在这一开度上。通过线圈的控制电流越大，使衔铁偏转的转矩、挡板挠曲变形、滑阀两端的压差以及滑阀的位移量越大，伺服阀输出的流量也就越大。

4.5.2 电液伺服阀的应用

电液伺服阀目前广泛应用于要求高精度控制的自动控制设备中，用以实现位置控制、速度控制和力控制等。

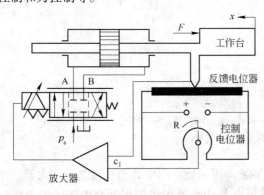

图 4-56　电液伺服阀位置控制原理图

图4-56所示是用电液伺服阀准确控制工作台位置的控制原理图。要求工作台的位置随控制电位器触点位置的变化而变化。触点的位置由控制电位器转换成电压。工作台的位置由反馈电位器检测，可转换成电压。当工作台的位置与控制触点的相应位置有偏差时，通过桥式电路即可获得该偏差值的偏差电压。若工作台位置落后于控制触点的位置时，偏差电压为正值，送入放大器，放大器便输出一正向电流给电液伺服阀。伺服阀给液压缸一正向流量，推动工作台正向移动，

减小偏差，直至工作台与控制触点相应位置吻合时，伺服阀输入电流为零，工作台停止移动。当偏差电压为负值时，工作台反向移动，直至消除偏差时为止。如果控制触点连续变化，则工作台的位置也随之连续变化。

4.6　电液比例控制阀

电液比例控制阀是一种按输入的电气信号连续地、按比例地对油液的压力、流量或方向进

行远距离控制的阀。与手动调节的普通液压阀相比，电液比例控制阀能够提高液压系统参数的控制水平；与电液伺服阀相比，电液比例控制阀在某些性能上稍差一些，但它结构简单、成本低，所以广泛应用于要求对液压参数进行连续控制或程序控制，但对控制精度和动态特性要求不太高的液压系统中。

　　电液比例控制阀的构成，相当于在普通液压阀上装上一个比例电磁铁，以代替原有的控制部分。根据用途和工作特点的不同，电液比例控制阀可以分为电液比例压力阀、电液比例流量阀和电液比例方向阀三大类。

4.6.1　电液比例压力阀及应用

　　用比例电磁铁代替溢流阀的调压螺旋手柄，构成比例溢流阀。图 4-57 所示为先导式比例溢流阀，其下部为溢流阀，上部为比例先导阀。比例电磁铁的衔铁 4，通过顶杆 6 控制先导锥阀 2，从而控制溢流阀芯上腔压力。使控制压力与比例电磁铁输入电流成比例。其中手动调整的先导阀 9 用来限制比例压力阀最高压力。远控口 K 可以用来进行远程控制。用同样的方式，也可以组成比例顺序阀和比例减压阀。

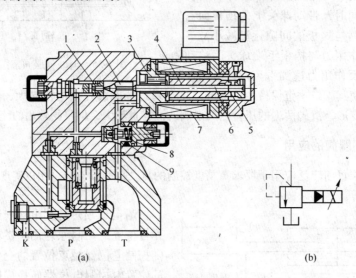

图 4-57　比例溢流阀

(a) 结构图；(b) 图形符号

1—先导阀座；2—先导锥阀；3—极靴；4—衔铁；5，8—弹簧；
6—顶杆；7—线圈；9—手调先导阀

　　图 4-58 为利用比例溢流阀和比例减压阀的多级调压回路。图中 2 和 6 为电子放大器。改变输入电流 I，即可控制系统的工作压力。用它可以替代普通多级调压回路中的若干个压力阀，且能对系统压力进行连续控制。

4.6.2　电液比例换向阀

　　用比例电磁铁取代电磁换向阀中的普通电磁铁，便构成直动式比例换向阀，如图 4-59 所示。由于使用了比例电磁铁，阀芯不仅可以换位，而且换位的行程可以连续地或按比例变化，因而连通油口间的通流面积也可以连续地或按比例变化，所以比例换向阀不仅能控制执行元件的运动方向，而且能控制其速度。

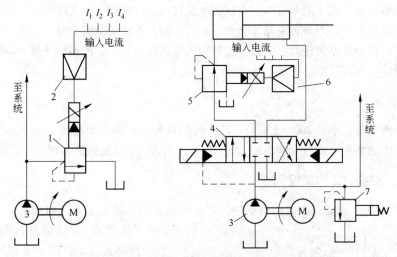

图 4-58　应用比例压力阀的调压回路

1—比例溢流阀；2，6—电子放大器；3—液压泵；4—电液换向阀；
5—比例减压阀；7—溢流阀

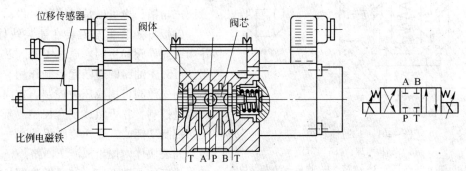

图 4-59　直动式比例换向阀

4.6.3　电液比例调速阀

用比例电磁铁取代节流阀或调速阀的手调装置，以输入电信号控制节流口开度，便可连续地或按比例地远程控制其输出流量，实现执行部件的速度调节。图 4-60 是电液比例调速阀的

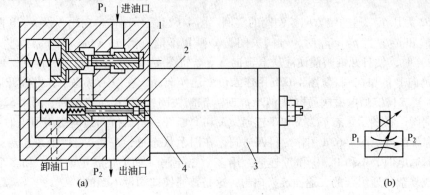

图 4-60　电液比例调速阀

（a）结构原理图；（b）图形符号

1—定差减压阀；2—节流阀阀芯；3—比例电磁铁；4—推杆

结构原理及图形符号。图中的节流阀芯由比例电磁铁的推杆操纵，输入的电信号不同，则电磁力不同，推杆受力不同，与阀芯左端弹簧力平衡后，便有不同的节流口开度。由于定差减压阀已保证了节流口前后压差为定值，所以一定的输入电流就对应一定的输出流量，不同的输入信号变化，就对应着不同的输出流量变化。

4.7　二通插装阀

　　普通液压阀在流量小于 200L/min 的系统中性能良好，但用于大流量系统并不具有良好的性能，特别是阀的集成更成为难题。20 世纪 70 年代初，二通插装阀的出现为此开创了道路。

4.7.1　组成、结构和工作原理

　　图 4-61 所示为二通插装阀的结构原理，它由控制盖板、插装主阀（由阀套、弹簧、阀芯及密封件组成）、插装块体和先导元件（置于控制盖板上、图中未画）组成。插装主阀采用插装式连接，阀芯为锥形。根据不同的需要，阀芯的锥端可开阻尼孔或节流三角槽，也可以是圆柱形阀芯。

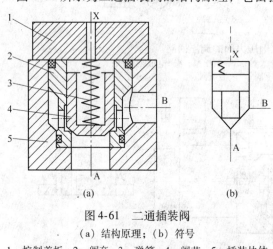

图 4-61　二通插装阀
（a）结构原理；（b）符号
1—控制盖板；2—阀套；3—弹簧；4—阀芯；5—插装块体

　　盖板将插装主阀封装在插装块体内，并沟通先导阀和主阀。通过主阀阀芯的启闭，可对主油路的通断起控制作用。使用不同的先导阀可构成压力控制、方向控制或流量控制，并可组成复合控制。若干个不同控制功能的二通插装阀组装在一个或多个插装块体内便组成液压回路。

　　就工作原理而言，二通插装阀相当于一个液控单向阀。A 和 B 为主油路的两个仅有的工作油口（所以称为二通阀），X 为控制油口。通过控制油口的启闭和对压力大小的控制，即可控制主阀阀芯的启闭和油口 A、B 的流向与压力。

4.7.2　二通插装方向控制阀

　　图 4-62 为几个二通插装方向控制阀的实例。图 4-62a 表示用作单向阀。设 A、B 两腔的压力分别为 p_A 和 p_B，当 $p_A > p_B$ 时，锥阀关闭，A 和 B 不通；当 $p_A < p_B$，且 p_B 达到一定数值（开启压力）时，便打开锥阀使油液从 B 流向 A（若将图 4-62a 改为 B 和 X 腔沟通，便构成油液可从 A 流向 B 的单向阀）。图 4-62b 用作二位二通换向阀，在图示状态下，锥阀开启，A 和 B 腔连通；当二位三通电磁阀通电且 $p_A > p_B$ 时，锥阀关闭，A、B 油路切断。图 4-62c 用作二位三通换向阀，在图示状态下，A 和 T 连通，A 和 P 断开；当二位四通电磁阀通电时，A 和 P 连通，A 和 T 断开。图 4-62d 用作二位四通阀，在图示状态下，A 和 T、P 和 B 连通；当二位四通电磁阀通电时，A 和 P、B 和 T 连通。用多个先导阀（如上述各电磁阀）和多个主阀相配，可构成复杂位通组合的二通插装换向阀，这是普通换向阀做不到的。

4.7.3　二通插装压力控制阀

　　对 X 腔采用压力控制可构成各种压力控制阀，其结构原理如图 4-63a 所示。用直动式溢流

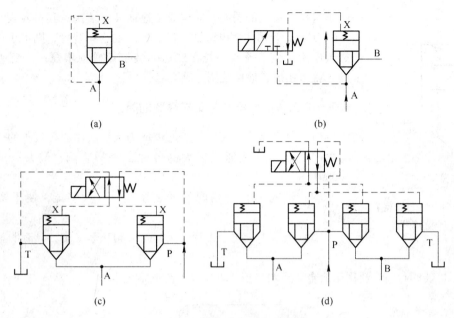

图 4-62 二通插装方向控制阀

阀 1 作为先导阀来控制插装主阀 2，在不同的油路连接下便构成不同的压力阀。例如，图 4-63b 表示 B 腔通油箱，可用作溢流阀。当 A 腔油压升高到先导阀调定的压力时，先导阀打开，油液流过主阀芯阻尼孔时造成两端压差，使主阀芯克服弹簧阻力开启，A 腔压力油便通过打开的阀口经 B 溢回油箱，实现溢流稳压。当二位二通阀通电时便可作为卸荷阀使用。图 4-63c 表示 B 腔接一有载油路，则构成顺序阀。此外，若主阀采用油口常开的圆锥阀芯，则可构成二通插装减压阀；若以比例溢流阀作先导阀，代替图中直动式溢流阀，则可构成二通插装电液比例溢流阀。

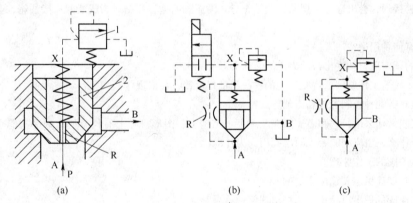

图 4-63 二通插装压力控制阀
（a）结构原理；（b）用作溢流阀或卸荷阀；（c）用作顺序阀
1—直动式溢流阀；2—主阀；R—阻尼孔

4.7.4 二通插装流量控制阀

在二通插装方向控制阀的盖板上增加阀芯行程调节器以调节阀芯的开度，这个方向阀就兼

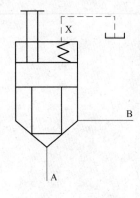

图 4-64　二通插装节
流阀的符号

具了可调节流阀的功能，即构成二通插装节流阀，其符号表示如图
4-64 所示。若用比例电磁铁取代节流阀的手调装置，则可组成二通
插装电液比例节流阀。若在二通插装节流阀前串联一个定差减压
阀，就可组成二通插装调速阀。

4.7.5　二通插装阀及其集成系统的特点

（1）插装主阀结构简单，通流能力大，故用通径很小的先导阀
与之配合便可构成通径很大的各种二通插装阀，最大流量可达
10000L/min。

（2）不同的阀有相同的插装主阀，一阀多能，便于实现标
准化。

（3）泄漏小，便于无管连接，先导阀功率又小，具有明显的节
能效果。

二通插装阀目前广泛用于冶金、船舶、塑料机械等大流量系统中。

思　考　题

4-1　说明普通单向阀和液控单向阀的工作原理及区别，它们在用途上有何区别？

4-2　双向液压锁有什么用途，它在油路中为什么常与 Y 型换向阀配合使用？

4-3　何为换向阀的"位"与"通"？

4-4　滑阀式换向阀有哪几种控制方式？

4-5　直动式溢流阀和先导式溢流阀结构和性能有何区别？

4-6　溢流阀的阻尼孔起什么作用，如果它被堵塞，会出现什么情况，若把先导式溢流阀弹簧腔堵死，不
　　　与回油腔接通，会出现什么现象，若把先导式溢流阀的远程控制口当成泄漏口接油箱，会产生什么
　　　问题？

4-7　溢流阀有何种用途？

4-8　顺序阀的调定压力和进出口压力之间有何关系？

4-9　试述减压阀的工作原理。将减压阀的进、出油口反接，会出现什么现象？

4-10　顺序阀有哪几种控制方式和泄油方式？

4-11　顺序阀能做什么用，它和溢流阀在原理上、结构上、图形符号上有何异同，顺序阀能否当溢流阀
　　　用，为什么，溢流阀能否当顺序阀用，为什么？

4-12　试述节流阀的工作原理。

4-13　调速阀是如何稳定其输出流量的？

4-14　若将调速阀的进出口接错了，将出现何种后果？

4-15　试说明图 4-65 所示回路中液压缸往复移动的工作原理。为什么无论是进还是退，只要负载 G 一过
　　　中线，液压缸就会发生断续停顿的现象，为什么换向阀一到中位，液压缸便左右推不动？

4-16　两腔面积相差很大的单杆缸用二位四通阀换向。有杆腔进油时，无杆腔回油流量很大，为避免使
　　　用大通径二位四通阀，可用一个液控单向阀分流，请画出回路图。

4-17　图 4-66 中溢流阀的调定压力为 5MPa，减压阀的调定压力为 2.5MPa，设缸的无杆腔面积 $A =$
　　　$50cm^2$，液流通过单向阀和非工作状态下的减压阀时，压力损失分别为 0.2MPa 和 0.3MPa。当负载
　　　F 分别为 0、7.5kN 和 30kN 时，试问：（1）缸能否移动？（2）A、B 和 C 三点压力数值各为多少？

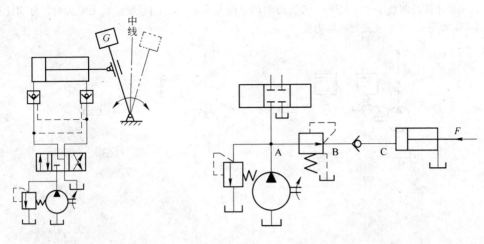

图 4-65　题 4-15 图　　　　　　　　　图 4-66　题 4-17 图

4-18　在图 4-67 所示的两阀组中，溢流阀的调定压力为 $p_A = 4\mathrm{MPa}$、$p_B = 3\mathrm{MPa}$、$p_C = 5\mathrm{MPa}$，试求压力计读数。

4-19　图 4-68 所示两阀组的出口压力取决于哪个减压阀，为什么？设两减压阀调定压力一大一小，并且所在支路有足够的负载。

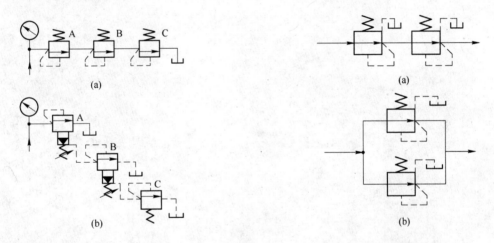

图 4-67　题 4-18 图　　　　　　　　　图 4-68　题 4-19 图

4-20　图 4-69 所示阀组，各阀调定压力示于符号上方。若系统负载为无穷大，试按电磁铁不同的通断情况将压力表读数填在表中。

1YA	2YA	压力表读数
−	−	
+	−	
−	+	
+	+	

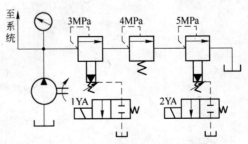

图 4-69　题 4-20 图

4-21 已知顺序阀的调整压力为 4MPa，溢流阀的调整压力为 6MPa，当系统负载无穷大时，分别计算图
      4-70a 和图 4-70b 中 A 点处的压力值。

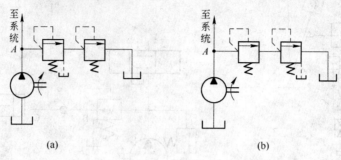

(a)   (b)

图 4-70 题 4-21 图

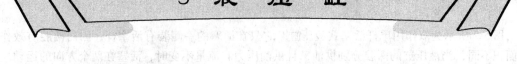

5 液 压 缸

液压缸也称油缸，是液压传动系统中的执行元件。它是将油液的压力能转变为直线往复运动的机械能的能量转换装置。液压缸也是液压传动中用得最多的一种工作机构。

5.1 液压缸的类型和特点

液压缸有多种类型。按结构特点可分为活塞式、柱塞式和组合式三大类；按作用方式又可分为单作用式和双作用式两种。在单作用式液压缸中，压力油只供入液压缸的一腔，使缸实现单方向运动，反方向运动则依靠外力（弹簧力、自重或外部载荷等）来实现。在双作用式液压缸中，压力油则交替供入液压缸的两腔，使缸实现正反两个方向的往复运动。

5.1.1 活塞式液压缸

活塞式液压缸可分为双杆式和单杆式两种结构。其固定方式有缸体固定和活塞杆固定两种。

5.1.1.1 双杆活塞式液压缸

图 5-1 为双杆活塞式液压缸的原理图。活塞两侧均装有活塞杆。当两活塞杆直径相同（即有效工作面积相等）、供油压力和流量不变时，活塞（或缸体）在两个方向的运动速度和推力也都相等，即

$$v = \frac{q_V}{A_2} = \frac{4q_V}{\pi(D^2 - d^2)} \tag{5-1}$$

$$F = (p_1 - p_2)A = \frac{\pi}{4}(D^2 - d^2)(p_1 - p_2) \tag{5-2}$$

式中　v——活塞（或缸体）的运动速度；

q_V——输入液压缸的流量；

F——活塞（或缸体）上的液压推力；

p_1——液压缸的进油压力；

p_2——液压缸的回油压力；

A——活塞的有效作用面积；

D——活塞直径（即缸体内径）；

d——活塞杆直径。

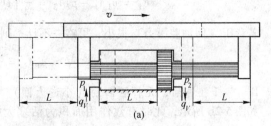

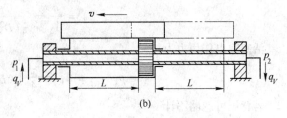

图 5-1　双杆活塞式液压缸
(a) 缸体固定；(b) 活塞杆固定

这种两个方向等速、等力的特性使双杆液压缸可以用于双向负载基本相等的场合，如磨床液压系统。

图 5-1a 所示为缸体固定式结构，缸的左腔进油，推动活塞向右移动，右腔则回油；反之，活塞向左移动。这种液压缸上某一点的运动行程约等于活塞有效行程的

三倍，一般用于中小型设备。图5-1b所示为活塞杆固定式结构，缸的左腔进油，推动缸体向左移动，右腔回油；反之，缸体向右移动。这种液压缸上某一点的运动行程约等于缸体有效行程的两倍，常用于大中型设备中。

5.1.1.2　单杆活塞式液压缸

图5-2所示为双作用单杆活塞式液压缸。它只在活塞的一侧装有活塞杆，因而两腔有效作用面积不同，当液压缸的两腔分别供油，且供油压力和流量不变时，活塞在两个方向的运动速度和输出推力皆不相等。

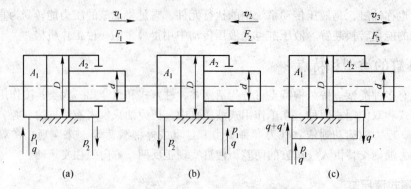

图5-2　单杆活塞式液压缸计算简图

单活塞杆液压缸仅一端带有活塞杆，活塞两侧有效作用面积不同，在图5-2所示的三种进、出油情况下，活塞杆的运动速度和作用力各不相同。

A　无杆腔进油，有杆腔回油（大进小回）

如图5-2a所示，此时有效作用面积为活塞大端面积，活塞向右的运动速度为：

$$v_1 = \frac{q}{A_1} = \frac{4q}{\pi D^2} \tag{5-3}$$

活塞输出作用力为：

$$F_1 = p_1 A_1 - p_2 A_2 = \frac{\pi}{4} \left[D^2 p_1 - (D^2 - d^2) p_2 \right] \tag{5-4}$$

若背压（回油腔压力）很小，可略去不计，则

$$F_1 = p_1 A_1 = \frac{\pi}{4} D^2 p_1 \tag{5-5}$$

B　有杆腔进油，无杆腔回油（小进大回）

如图5-2b所示，此时有效作用面积为活塞大端面积减去活塞杆面积，活塞向左运动速度为

$$v_2 = \frac{q}{A_2} = \frac{4q}{\pi (D^2 - d^2)} \tag{5-6}$$

活塞输出作用力为

$$F_2 = p_1 A_2 - p_2 A_1 = \frac{\pi}{4} \left[(D^2 - d^2) p_1 - D^2 p_2 \right] \tag{5-7}$$

若背压可忽略不计

$$F_2 = \frac{\pi}{4} (D^2 - d^2) p_1 \tag{5-8}$$

C 两腔连接同时进油，无回油（两进无回）

如图 5-2c 所示，此时大小腔同时进油，压力相同，但因油压作用面积不等，可产生差动，此时活塞向右的运动速度为

$$v_3 = \frac{4q}{\pi d^2} \tag{5-9}$$

差动时的作用力为

$$F_3 = \frac{\pi}{4} d^2 p_1 \tag{5-10}$$

上式表明，差动液压缸的运动速度等于泵的流量与活塞杆面积之比，而其作用力等于工作压力与活塞杆面积之乘积。

比较以上三种情况不难看出单杆液压缸"大进小回"产生的推力最大，而运动速度最慢，适用于执行机构慢速重载的工作行程；"小进大回"产生的推力较小，而运动速度较快，适用于执行机构快速轻载的返回行程；"两进无回"的差动连接所产生的推力最小，但运动速度最快，适用于实现快速空载运动。有时为了实现差动液压缸快速进（两进无回）退（小进大回）速度相等，常取活塞杆的面积等于活塞面积的一半，即 $d = 0.7D$，不难证明，此时 $v_2 = v_3$。

5.1.2 柱塞式液压缸

如图 5-3a 所示，柱塞缸由缸筒 1、柱塞 2、导向套 3、密封圈 4 和压盖 5 等零件组成。由于柱塞与导向套配合，以保证良好的导向，故可以不与缸筒接触，因而对缸筒内壁的精度要求很低，甚至可以不加工，工艺性好，成本低，特别适用于行程较长的场合。

柱塞端面是受压面，其面积大小决定了柱塞缸的输出速度和推力。柱塞工作时恒受压，为保证压杆的稳定，柱塞必须有足够的刚度，故一般柱塞较粗，重量较大，水平安装时易产生单边磨损，故柱塞缸适宜于垂直安装使用。水平安装使用时，为减轻重量，有时制成空心柱塞。为防止柱塞自重下垂，通常要设置柱塞支承套和托架。

柱塞缸只能制成单作用缸。在大行程设备中，为了得到双向运动，柱塞缸常成对使用（见图 5-3b）。

柱塞缸结构简单，制造容易，维修方便，常用于长行程机床，如龙门刨床、导轨磨床、大型拉床等。

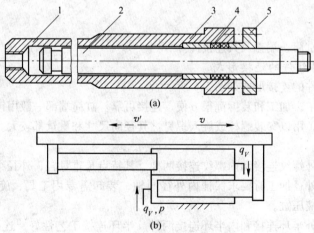

图 5-3 柱塞式液压缸
1—缸筒；2—柱塞；3—导向套；4—密封圈；5—压盖

5.1.3　组合式液压缸

5.1.3.1　伸缩缸

伸缩缸又称多级缸，它由两级或多级活塞缸套装而成，图5-4所示为其示意图。前一级活塞缸的活塞就是后一级活塞缸的缸筒。伸缩缸逐个伸出时，有效工作面积逐次减小，因此，当输入流量相同时，外伸速度逐次增大；当负载恒定时，液压缸的工作压力逐次增高。空载缩回的顺序一般是从小活塞到大活塞，收缩后液压缸总长度较短，结构紧凑，适用于安装空间受到限制而行程要求很长的场合。例如，起重机伸缩臂液压缸、自卸汽车举升液压缸等。

5.1.3.2　齿条活塞缸

齿条活塞缸由带有齿条杆的双活塞缸和齿轮齿条机构所组成，如图5-5所示。活塞的往复移动经齿轮齿条机构变成齿轮轴的往复转动。它多用于自动线、组合机床等的转位或分度机构中。

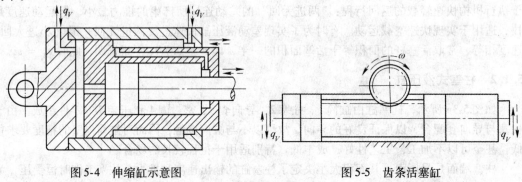

图5-4　伸缩缸示意图　　　　　　　　　图5-5　齿条活塞缸

5.2　液压缸的结构

液压缸由缸体组件（缸筒、端盖等）、活塞组件（活塞、活塞杆等）、密封件和连接件等基本部分组成。此外，一般液压缸还设有缓冲装置和排气装置。在进行液压缸设计时应根据工作压力、运动速度、工作条件、加工工艺及装拆检修等方面的要求综合考虑缸的各部分结构。

5.2.1　缸体组件

缸体组件包括缸筒、端盖及其连接件。

5.2.1.1　缸体组件的连接形式

常见的缸体组件的连接形式如图5-6所示。

法兰式结构简单，加工和装拆都很方便，连接可靠。缸筒端部一般用铸造、镦粗或焊接方式制成粗大的外径，用以穿装螺栓或旋入螺钉。其径向尺寸和重量都较大。大、中型液压缸大部分采用此种结构。

螺纹式连接有外螺纹连接和内螺纹连接两种。其特点是重量轻，外径小，结构紧凑，但缸筒端部结构复杂，外径加工时要求保证内外径同轴，装卸需专用工具，旋端盖时易损坏密封圈，一般用于小型液压缸。

半环式连接分外半环连接和内半环连接两种。半环连接工艺性好，连接可靠，结构紧凑，装拆较方便，半环槽对缸筒强度有所削弱，需加厚筒壁，常用于无缝钢管缸筒与端盖的连接。

拉杆式连接结构通用性好，缸筒加工方便，装拆方便，但端盖的体积较大，重量也较大，

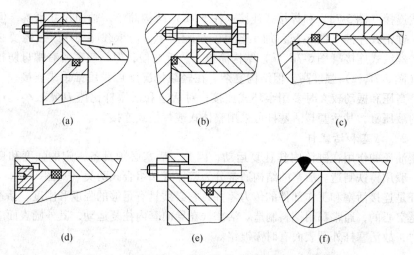

图5-6　缸体组件的连接形式

（a）法兰式；（b）半环式；（c）外螺纹式；（d）内螺纹式；（e）拉杆式；（f）焊接式

拉杆受力后会拉伸变形，影响端部密封效果，只适用于长度不大的中低压缸。

　　焊接式连接外形尺寸较小，结构简单，但焊接时易引起缸筒变形，主要用于柱塞式液压缸。

5.2.1.2　缸筒、端盖和导向套

　　缸筒是液压缸的主体，它与端盖、活塞等零件构成密闭的容腔，承受油压，因此要有足够的强度和刚度，以便抵抗液压力和其他外力的作用。缸筒内孔一般采用镗削、铰孔、滚压或珩磨等精密加工工艺制造，要求表面粗糙度 R_a 值为 $0.1\sim0.4\mu m$，以使活塞及其密封件、支承件能顺利滑动和保证密封效果，减少磨损。为了防止腐蚀，缸筒内表面有时需镀铬。

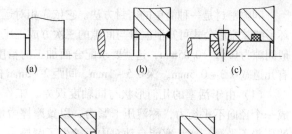

　　端盖装在缸筒两端，与缸筒形成密闭容腔，同样承受很大的液压力，因此它们及其连接部件都应有足够的强度。设计时既要考虑强度，又要选择工艺性较好的结构形式。

　　导向套对活塞杆或柱塞起导向和支承作用。有些液压缸不设导向套，直接用端盖孔导向，这种结构简单，但磨损后必须更换端盖。

5.2.2　活塞组件

　　活塞组件由活塞、活塞杆和连接件等组成。随工作压力、安装方式和工作条件的不同，活塞组件有多种结构形式。

5.2.2.1　活塞组件的连接形式

　　活塞与活塞杆的连接形式如图 5-7 所示。

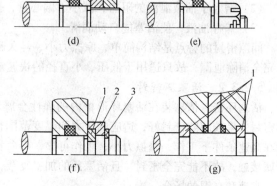

图5-7　活塞与活塞杆的连接形式

（a）整体式；（b）焊接式；（c）锥销式；

（d）、（e）螺纹式；（f）、（g）半环式

1—半环；2—轴套；3—弹簧圈

整体式连接（图 5-7a）和焊接式连接（图 5-7b）结构简单，轴向尺寸紧凑，但损坏后需整体更换。锥销式连接（图 5-7c）加工容易，装配简单，但承载能力小，且需要必要的防止脱落措施。螺纹式连接（图 5-7d、e）结构简单，装拆方便，但一般需备有螺母防松装置。半环式连接（图 5-7f、g）强度高，但结构复杂。在轻载情况下可采用锥销式连接；一般使用螺纹式连接；高压和振动较大时多用半环式连接；对活塞和活塞杆比值 D/d 较小、行程较短或尺寸不大的液压缸，其活塞与活塞杆可采用整体式或焊接式连接。

5.2.2.2 活塞和活塞杆

活塞受油压的作用在缸筒内作往复运动，因此，活塞必须具备一定的强度和良好的耐磨性。活塞一般用铸铁制造。活塞的结构通常分为整体式和组合式两类（见图 5-7）。

活塞杆是连接活塞和工作部件的传力零件，它必须具有足够的强度和刚度。活塞杆无论是实心的还是空心的，通常都用钢料制造。活塞杆在导向套内往复运动，其外圆表面应当耐磨并有防锈能力，故活塞杆外圆表面有时需镀铬。

5.2.3 密封装置

密封装置主要用来防止液压油的泄漏。液压缸因为是依靠密闭油液体积的变化来传递动力和速度的，故密封装置的优劣，将直接影响液压缸的工作性能。根据两个需要密封的偶合面间有无相对运动，可把密封分为动密封和静密封两大类。设计或选用密封装置的基本要求是：具有良好的密封性能，并随着压力的增加能自动提高其密封性能，摩擦阻力小，密封件耐油性、抗腐蚀性好、耐磨性好，使用寿命长，使用的温度范围广，制造简单，装拆方便。常见的密封方法有以下几种。

5.2.3.1 间隙密封

间隙密封是一种简单的密封方法。它依靠相对运动零件配合面间的微小间隙来防止泄漏。由环形缝隙流量公式可知泄漏量与间隙的三次方成正比，因此可用减小间隙的办法来减少泄漏。一般间隙为 0.01~0.05mm，这就要求配合面加工的精度很高。一般间隙密封活塞的外圆表面上开有几道宽 0.3~0.5mm、深 0.5~1mm、间距 2~5mm 的环形沟槽（称平衡槽），其作用是：

（1）由于活塞的几何形状与同轴度误差，工作中压力油在密封间隙中的不对称分布将形成一个径向不平衡力，称液压卡紧力，以致摩擦力增大。开平衡槽后，间隙的差别减小，各向油压趋于平衡，使活塞能自动对中，减少了摩擦力。

（2）增大了油液泄漏的阻力，减小了偏心量，提高了密封性能。

（3）储存油液，使活塞能自动润滑。

间隙密封的特点是结构简单，摩擦力小，经久耐用，但对零件的加工精度要求较高，且难以完全消除泄漏，故只适用于低压、小直径的快速液压缸中。

5.2.3.2 活塞环密封

活塞环密封依靠装在活塞环形槽内的弹性金属环紧贴缸筒内壁实现密封，如图 5-8 所示。其密封效果较间隙密封好，适应的压力和温度范围很宽，能自动补偿磨损和温度变化的影响，能在高速条件下工作，摩擦力小，工作可靠，寿命长，但因活塞环与其相对应的滑动面之间为金属接触，故不能完全密封，且活塞环的加工复杂，缸筒内表面加工精度要求高，一般用于高压、高速和高温的场合。

5.2.3.3 密封圈密封

密封圈密封是液压系统中应用最广泛的一种密封形式，密封圈有 O 形、Y 形、V 形等数种，其材料为耐油橡胶、尼龙等。

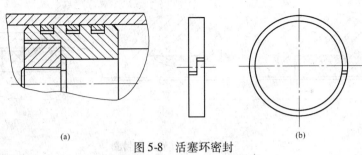

图 5-8 活塞环密封
(a) 活塞环的安装；(b) 活塞环

A O 形密封圈

O 形密封圈的截面为圆形，主要用于静密封和滑动密封（转动密封用得较少）。其结构简单紧凑，摩擦力较其他密封圈小，装拆方便，密封可靠，成本低，可在 −40～120℃温度范围内工作，但与唇形密封圈（如 Y 形）相比，其寿命较短，密封装置机械部分的精度要求高，启动摩擦阻力较大。O 形圈的使用速度范围为 0.005～0.3m/s。

O 形圈在安装时必须保证适当的预压缩量，压缩量的大小直接影响 O 形圈的使用性能和寿命，过小不能密封，过大则摩擦力增大，且易损坏。因此安装密封圈的沟槽尺寸和表面精度必须按有关手册给出的数据严格保证。

在静密封中，当压力大于 32MPa 时，或在动密封中，当压力大于 10MPa 时，O 形圈就会被挤压进入间隙中而损坏，以致密封效果降低或失去密封作用，为此需在 O 形圈低压侧设置由聚四氟乙烯或尼龙制成的挡圈，其厚度为 1.25～2.5mm。双向受高压时，两侧都要加挡圈。

B Y 形密封圈

Y 形密封圈的截面呈 Y 形，属唇形密封圈。它是一种密封性、稳定性和耐压性都较好、摩擦阻力较小，寿命较长的密封圈，是目前比较广泛使用的密封结构之一。Y 形圈主要用于往复运动的密封。

Y 形圈的密封作用是依赖于它的唇边对偶合面的紧密接触，在液压力的作用下产生较大的接触压力，达到密封的目的。液压力越高贴得越紧，接触压力越大，密封性能越好。因此，Y 形圈从低压到高压的压力范围内都表现了良好的密封性，还能自动补偿唇边的磨损。

根据截面长宽比例的不同，Y 形圈可分为宽断面和窄断面两种形式。图 5-9 所示为宽断面 Y 形密封圈，图 5-10 所示为窄断面 Y 形密封圈。

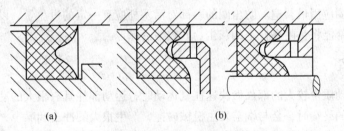

(a)　　　　　　　(b)

图 5-9 宽断面 Y 形密封圈
(a) Y 形圈一般安装；(b) Y 形圈带支承环安装

Y 形圈安装时，唇口端应对着液压力高的一侧。当压力变化较大、滑动速度较高时，为避免翻转，要使用支承环，以固定密封圈。如图 5-9b 所示。

宽断面 Y 形圈一般适用于工作压力小于 20MPa、工作温度为 −30～+100℃、使用速度小于 0.5m/s 的场合。

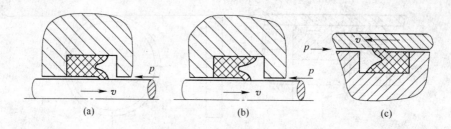

图 5-10　窄断面 Y 形密封圈

(a) 等高唇通用型；(b) 轴用型；(c) 孔用型

　　窄断面 Y 形圈是宽断面 Y 形圈的改型产品，其截面的长宽比在 2 以上，因而不易翻转。它有等高唇 Y 形圈和不等高唇 Y 形圈两种，后者又有孔用和轴用之分。其低唇与密封面接触，滑动摩擦阻力小，耐磨性好，寿命长；高唇与非运动表面有较大的预压缩量，摩擦阻力大，工作时不易窜动。

　　窄断面 Y 形圈一般适用于工作压力小于 32MPa、使用温度为 −30 ~ +100℃ 的场合。

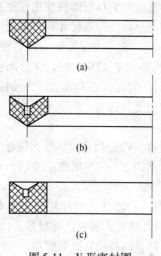

图 5-11　V 形密封圈

(a) 压环；(b) V 形圈；(c) 支承环

　　C　V 形密封圈

　　V 形圈的截面为 V 形，如图 5-11 所示。V 形密封装置是由压环、V 形圈和支承环组成。所采用的 V 形圈的数量可根据工作压力来选定。安装时，V 形圈的开口应面向压力高的一侧。

　　V 形圈密封性能良好，耐高压，寿命长，通过选择适当的 V 形圈个数和调节压紧力，可获得最佳的密封效果，但 V 形密封装置的摩擦阻力及轴向结构尺寸较大，它主要用于活塞及活塞杆的往复运动密封，适宜在工作压力小于 50MPa、温度在 −40 ~ +80℃ 条件下工作。

　　D　防尘圈

　　防尘圈设置在活塞杆或柱塞密封圈的外部，防止外界灰尘、砂粒等异物进入液压缸内，以避免影响液压系统的工作和液压系统元件的使用寿命。目前常用的防尘圈一般为唇形，按其有无骨架分为骨架式和无骨架式两种，其中以无骨架式防尘圈应用最普遍。防尘圈的唇部对活塞杆应有一定的过盈量，以便当活塞杆往复运动时，唇口刃部能将粘附在杆上的灰尘、砂粒等清除掉。

5.2.4　缓冲装置

　　当液压缸拖动质量较大的部件做快速往复运动时，运动部件具有很大的动能，这样，当活塞运动到液压缸的终端时，会与端盖发生机械碰撞，产生很大的冲击和噪声，会引起液压缸的损坏。故一般应在液压缸内设置缓冲装置，或在液压系统中设置缓冲回路。

　　缓冲的一般原理是：当活塞快速运动到接近缸盖时，通过节流的方法增大了回油阻力，使液压缸的排油腔产生足够的缓冲压力，活塞因运动受阻而减速，从而避免与缸盖快速相撞。常见的缓冲装置如图 5-12 所示。

5.2.4.1　圆柱形环隙式缓冲装置（图 5-12a）

当缓冲柱塞 A 进入缸盖上的内孔时，缸盖和活塞间形成环形缓冲油腔 B，被封闭的油液只能经环形间隙δ排出，产生缓冲压力，从而实现减速缓冲。这种装置在缓冲过程中，由于回油通道的节流面积不变，故缓冲开始时，产生的缓冲制动力很大，其缓冲效果较差，液压冲击较大，且实现减速所需行程较长，但这种装置结构简单，便于设计和降低成本，所以在一般系列化的成品液压缸中多采用这种缓冲装置。

5.2.4.2　圆锥形环隙式缓冲装置（图5-12b）

由于缓冲柱塞A为圆锥形，所以缓冲环形间隙δ随位移量不同而改变，即节流面积随缓冲行程的增大而缩小，使机械能的吸收较均匀，其缓冲效果较好，但仍有液压冲击。

5.2.4.3　可变节流槽式缓冲装置（图5-12c）

在缓冲柱塞A上开有三角节流沟槽，节流面积随着缓冲行程的增大而逐渐减小，其缓冲压力变化较平缓。

5.2.4.4　可调节流孔式缓冲装置（图5-12d）

当缓冲柱塞进入到缸盖内孔时，回油口被柱塞堵住，只能通过节流阀C回油，调节节流阀的开度，可以控制回油量，从而控制活塞的缓冲速度。当活塞反向运动时，压力油通过单向阀D很快进入到液压缸内，并作用在活塞的整个有效面积上，故活塞不会因推力不足而产生启动缓慢现象。这种缓冲装置可以根据负载情况调整节流阀开度的大小，改变缓冲压力的大小，因此适用范围较广。

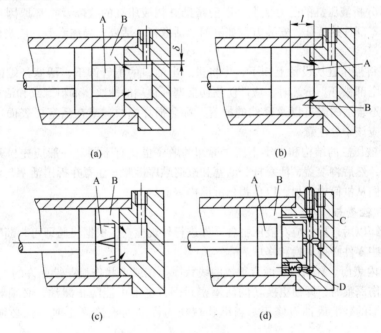

图5-12　液压缸的缓冲装置
（a）圆柱形环隙式；（b）圆锥形环隙式；（c）可变节流槽式；（d）可调节流孔式
A—缓冲柱塞；B—缓冲油腔；C—节流阀；D—单向阀

5.2.5　排气装置

液压系统往往会混入空气，使系统工作不稳定，产生振动、噪声及工作部件爬行和前冲等现象，严重时会使系统不能正常工作。因此设计液压缸时必须考虑排除空气。

在液压系统安装时或停止工作后又重新启动时，必须把液压系统中的空气排出去。对于

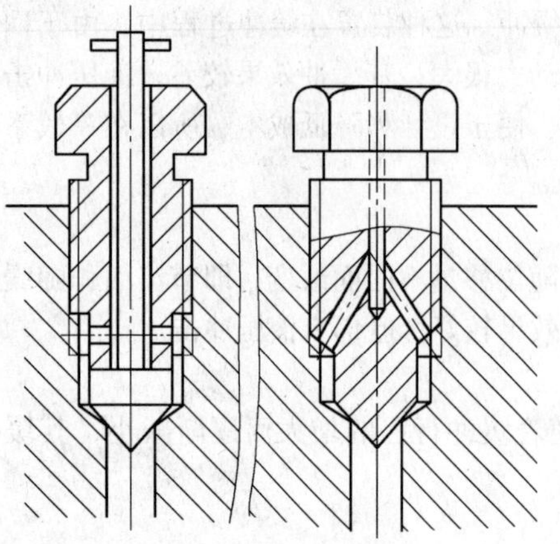

图 5-13　排气塞结构

要求不高的液压缸往往不设专门的排气装置，而是将油口布置在缸筒两端的最高处，这样也能使空气随油液排往油箱，再从油面逸出；对于速度稳定性要求较高的液压缸或大型液压缸，常在液压缸两侧的最高位置处（该处往往是空气聚积的地方）设置专门的排气装置，如排气塞、排气阀等。图 5-13 所示为排气塞。当松开排气塞螺钉后，让液压缸全行程空载往复运动若干次，带有气泡的油液就会排出。然后再拧紧排气塞螺钉，液压缸便可正常工作。

5.2.6　液压缸的拆装与修理

液压缸的修复按下述步骤进行。

5.2.6.1　拆卸

(1) 首先应开动液压系统，将活塞的位置借助液压力移到适于拆卸的一个顶端位置。

(2) 在进行拆卸之前，切断电源，使液压装置停止运动。

(3) 为了分析液压缸的受力情况，以便帮助查找液压缸的故障及损坏原因在拆卸液压缸以前，对主要零部件的特征、安装方位如缸筒、活塞杆、活塞、导向套等，应当做上记号，并记录下来。

(4) 为了将液压缸从设备上卸下，先将进、出油口的配管卸下，活塞杆端的连接头和安装螺栓等需要全部松开。拆卸时，应严防损伤活塞杆顶端的螺纹、油口螺纹和活塞杆表面。譬如，拆卸中，不合适的敲打以及突然的掉落，都会损坏螺纹，或在活塞杆表面产生打痕。因此，在操作中应该十分注意。

(5) 由于液压缸的结构和大小不同，拆卸的顺序也稍有不同。一般应先松开端盖的紧固螺栓或连接杆，然后将端盖、活塞杆、活塞和缸筒顺序拆卸。注意在拆出活塞与活塞杆时，不应硬性地将它们从缸筒中打出，以免损伤缸筒内表面。

5.2.6.2　检查与修理

液压缸拆卸以后，首先应对液压缸各零件进行外观检查，根据经验即可判断哪些零件可以继续使用，哪些零件必须更换和修理。

(1) 缸筒内表面。缸筒内表面有很浅的线状摩擦伤或点状伤痕，是允许的，对实用无妨。如果有纵状拉伤深痕时，即使更换新的活塞密封圈，也不可能防止漏油，必须对内孔进行研磨，也可用极细的砂纸或油石修正。当纵状拉伤为深痕而没法修正时，就必须重新更换新缸筒。

(2) 活塞杆的滑动面。在与活塞杆密封圈作相对滑动的活塞杆滑动面上，产生纵状拉伤或打痕时，其判断与处理方法与缸筒内表面相同。但是，活塞杆的滑动表面一般是镀硬铬的，如果部分镀层因磨损产生剥离，形成纵状伤痕时，活塞杆密封处的漏油对运行影响很大。必须除去旧有的镀层，重新镀铬、抛光。镀铬厚度为 0.05mm 左右。

(3) 密封。活塞密封件和活塞杆密封件是防止液压缸内部漏油的关键零件。检查密封件时，应当首先观察密封件的唇边有无损伤，密封摩擦面的磨损情况。当发现密封件唇口有轻微的伤痕，摩擦面略有磨损时，最好能更换新的密封件。对使用日久、材质产生硬化脆变的密封件，也须更换。

（4）活塞杆导向套的内表面。有些伤痕，对使用没有什么妨碍。但是，如果不均匀磨损的深度在 0.2mm 以上时，就应更换新的导向套。

（5）活塞的表面。如活塞表面有轻微的伤痕时，不影响使用。但若伤痕深度达 0.2 ~ 0.3mm 时，就应更换新的活塞。另外，还要检查是否有端盖的碰撞、内压引起活塞的裂缝，如有，则必须更换活塞，因为裂缝可能会引起内部漏油。另外还需要检查密封槽是否有伤痕。

（6）其他。其他部分的检查，随液压缸构造及用途而异。但检查时应留意端盖、耳环、铰轴是否有裂纹，活塞杆顶端螺纹、油口螺纹有无异常，焊接部分是否有脱焊、裂缝现象。

5.2.6.3　装配

A　准备工作

（1）装配所用工具、清洗油液、器皿必须准备就绪。

（2）对待装零件进行合格性检查，特别是运动副的配合精度和表面状态。注意去除所有零件上的毛刺、飞边、污垢，清洗要彻底、干净。

B　装配要点

装配液压缸时，首先将各部分的密封件分别装入各相关元件，然后进行由内到外的安装，安装时要注意以下几点：

（1）不能损伤密封件。装配密封圈时，要注意密封圈不可被毛刺或锐角刮损，特别是带有唇边的密封圈和新型同轴密封件应尤为注意。若缸筒内壁上开有排气孔或通油孔，应检查、去除孔边毛刺。缸筒上与油口孔、排气孔相贯通的部位，要用质地较软的材料塞平，再装活塞组件，以免密封件通过这些孔口时划伤或挤破。检查与密封圈接触或摩擦的相应表面，如有伤痕，则必须进行研磨、修正。当密封圈要经过螺纹部分时，可在螺纹上卷上一层密封带，在带上涂上些润滑脂，再进行安装。

在液压缸装配过程中，用洗涤油或柴油将各部分洗净，再用压缩空气吹干，然后在缸筒内表面及密封圈上涂一些润滑脂。这样不仅能使密封圈容易装入，而且在组装时能保护密封圈不受损坏，效果较显著。

（2）切勿搞错密封圈的安装方向，安装时不可产生拧扭、挤出现象。

（3）活塞杆与活塞装配以后，必须设法用百分表测量其同轴度和全长上的直线度，务使差值在允许范围之内。

（4）组装之前，将活塞组件在液压缸内移动，应运动灵活，无阻滞和轻重不均匀现象后，方可正式总装。

（5）装配导向套、缸盖等零件有阻碍时，不能硬性压合或敲打，一定要查明原因，消除故障后再行装配。

（6）拧紧缸盖连接螺钉时，要依次对角地施力，且用力要均匀，要使活塞杆在全长运动范围内，可灵活无轻重的运动。全部拧紧后，最好用扭力扳手在重复拧紧一遍，以达到合适的紧固扭力和扭力数值的一致性。

5.2.6.4　注意事项

（1）所有零件要用煤油或柴油清洗干净，不得有任何污物留存在液压缸内。

（2）拆装清洗禁用棉纱、破布擦拭零件，以防脱落的棉纱头混入液压系统。

（3）装配过程中，各运动副表面要涂润滑油。

思 考 题

5-1　常用的液压缸有哪几种?

5-2　液压缸为什么设置排气装置?

5-3　何种结构的液压缸可实现差动,双活塞杆液压缸可以作差动缸吗?

5-4　差动液压缸的输出作用力和速度如何计算?

6 液压马达

6.1 概述

　　液压马达是将液压能转化成机械能，并能输出旋转运动的液压执行元件。向液压马达通入压力油后，由于作用在转子上的液压力不平衡而产生扭矩，使转子旋转。它的结构与液压泵相似。从工作原理上看，任何液压泵都可以作液压马达使用，反之亦然。在液压泵中，泵由外力驱动在排出腔推动液体做功，而在液压马达中，则由有压液体推动马达做功。所以两者受力情况基本相同，只是惯性力和内部的摩擦力是反向的，即液压泵与液压马达具有可逆性。但有时为了更好地改善它们的性能，往往分别采取特殊的结构措施使之不能通用。另外，液压马达与液压泵技术要求的侧重点也有所不同，液压泵一般要求有较高的容积效率，减少泄漏，而液压马达则希望有较高的机械效率，得到较大的输出转矩。在实际使用时，液压泵通常为单向旋转，而液压马达多为双向旋转。液压泵的工作转速都比较高，而液压马达往往需要很低的转速，这就使得它们在结构上有所区别。

　　液压马达按结构分类与液压泵基本相同，有齿轮液压马达、叶片液压马达、轴向柱塞马达、径向柱塞马达等。

　　液压马达作为驱动机械旋转运动的元件，与电机相比较有很多优点。如体积小、重量轻、功率大、调速比大、可无级变速、转动惯量小、启动和制动迅速等，特别适用于自动控制系统。

　　液压马达的图形符号如图6-1所示。

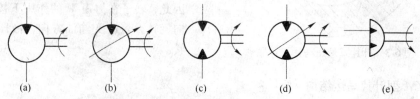

图6-1　液压马达的图形符号

（a）单向定量马达；（b）单向变量马达；（c）双向定量马达；（d）双向变量马达；（e）摆动式液压马达

6.2 齿轮液压马达

　　齿轮液压马达的结构和工作原理如图6-2所示，图中 P 为两齿轮的啮合点。设齿轮的齿高为 h，啮合点 P 到两齿根的距离分别为 a 和 b，由于 a 和 b 都小于 h，所以当压力油作用在齿面上时（如图6-2中箭头所示，凡齿面两边受力平衡的部分都未用箭头表示）在两个齿轮上都有一个使它们产生转矩的作用力 $pB(h-a)$ 和 $pB(h-b)$，其中 p 为输入油液的压力，B 为齿宽，在上述作用力下，两齿轮按图示方向旋转，并将油液带回低压腔排出。

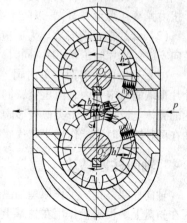

　　和一般齿轮泵一样，齿轮液压马达由于密封性较差，容积效率较低，所以输入的油压不能过高，因而不能产生较大

图6-2　齿轮液压马达的工作原理图

转矩，并且它的转速和转矩都是随着齿轮的啮合情况而脉动的。因此，齿轮液压马达一般多用于高转速低转矩的情况。

齿轮马达的结构与齿轮泵相似，但有以下特点：

（1）进出油道对称，孔径相等，这使齿轮马达能正反转。

（2）采用外泄漏油孔，因为马达回油腔压力往往高于大气压力，采用内部泄油会把轴端油封冲坏。特别是当齿轮马达反转时，原来的回油腔变成了压油腔，情况将更严重。

（3）多数齿轮马达采用滚动轴承支承，以减小摩擦力而便于马达启动。

（4）不采用端面间隙补偿装置，以免增大摩擦力矩。

（5）齿轮马达的卸荷槽对称分布。

6.3 叶片液压马达

6.3.1 工作原理

常用的叶片液压马达为双作用式，所以不能变量，其工作原理如图 6-3 所示。压力油从进

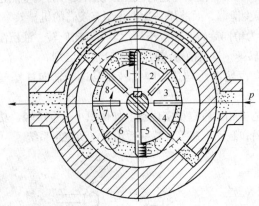

图 6-3 叶片式液压马达工作原理

油口进入叶片之间，位于进油腔的叶片有 3、4、5 和 7、8、1 两组。分析叶片受力情况可知，叶片 4 和 8 两侧均受高压油作用，作用力互相抵消不产生扭矩。叶片 3、5 和叶片 7、1 所承受的压力不能抵消，产生一个顺时针方向转动的力矩 M，而处在回油腔的 1、2、3 和 5、6、7 两组叶片，由于腔中压力很低，所产生的力矩可忽略不计，因此，转子在力矩 M 的作用下按顺时针方向旋转。若改变输油方向，液压马达即反转。

6.3.2 YM 型叶片马达结构

与相应的 YB 型叶片泵相比，叶片马达有以下几个特点：

（1）叶片底部有弹簧。为了在启动时能保证叶片紧贴在定子内表面上，在叶片底部设置了扭力弹簧（燕形弹簧），以防止高、低压油腔串通。

（2）叶片槽径向安放。为适应液压马达能正反两个方向旋转，叶片马达的叶片在转子上径向安放，叶片倾角 $\theta = 0°$。同时，叶片顶部对称倒角。

（3）壳体内设有两个单向阀。为了保证叶片底部在两种转向时都能始终通压力油，以使叶片顶端能与定子内表面压紧，同时又能保证变换进出油口（反转）时不受影响。在叶片马达的壳体上设置了两个类似梭形阀的单向阀，以使叶片底部与进出油口连通，这样可保证高压油在两种转向时都能作用于叶片底部。

6.4 轴向柱塞马达

轴向柱塞马达的工作原理如图 6-4 所示。当压力油输入时，处于高压腔中的柱塞被顶出，压在斜盘上。设斜盘作用在柱塞上的反力为 F。F 的轴向分力 F_x 与柱塞上的液压力平衡；而径向分力 F_y 则使处于高压腔中的每个柱塞都对转子中心产生一个转矩，使缸体和马达轴旋转。

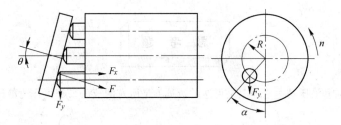

图6-4 轴向柱塞马达工作原理图

如果改变液压马达压力油的输入方向，马达轴则反转。

6.5 液压马达主要参数

各种液压马达实际输出转矩 T 与转速 n 分别为：

$$T = \frac{1}{2\pi}\Delta p \eta_m$$

$$n = \frac{q\eta_V}{V}$$

式中　　Δp——马达进出口压差；

　　　　q——马达输入流量；

　　　　V——马达排量；

　　　　η_V——马达容积效率；

　　　　η_m——马达机械效率。

6.6 液压马达与液压泵的差异

（1）动力不同。液压马达是靠输入液体压力来启动工作的，而液压泵是由电动机等其他动力装置直接带动的，因此结构上有所不同。马达容积密封必须可靠。为此叶片式马达叶片根部设有预压弹簧，使其始终贴紧定子，以保证马达顺利启动。

（2）配流机构、进出油口不同。液压马达有正、反转要求，所以配流机构是对称的，进出油口孔径相同。而液压泵一般是单向旋转，其配流机构及卸荷槽不对称，进油口孔径比出油口小。

（3）自吸性的差异。液压马达依靠压力油工作，不需要有自吸能力，而液压泵必须有自吸能力。如轴向柱塞泵改成液压马达时，柱塞回程弹簧不需要安装。但在实际应用中，为防止柱塞脱空，而加一定背压为最好。

（4）防止泄漏方式不同。液压泵常采用内泄漏形式，内部泄漏口直接与液压泵吸油口相通。而马达是双向运转，高低压油口相互交换。当采用出油口节流调速时，产生背压，使内泄漏孔压力增高，很容易因压力冲击损坏密封圈。所以，若用液压泵作马达时，应采用外泄漏式结构。

（5）液压马达容积效率比泵低，所以，液压马达的转速不宜过低，即供油的流量不能太小。

（6）液压马达启动转矩大。为使启动转矩与工作状态尽量接近，要求其转矩脉动要小，内部摩擦要小，齿数、叶片数、柱塞数应比泵多。马达的轴向间隙补偿装置的压紧力比泵小，以减小摩擦。

思　考　题

6-1　为什么说液压泵和液压马达原理上是可逆的，是不是所有的液压泵都可作为液压马达使用，为什么?

6-2　了解各种液压马达的工作原理、结构特点及应用。

6-3　液压马达与液压泵有何差异?

6-4　各种液压马达的实际输出转矩和转速如何计算?

7 液压辅助装置

液压系统中的辅助装置包括油箱、蓄能器、滤油器、加热器和冷却器等，是液压系统中不可缺少的组成部分。在液压系统中，液压辅助装置的数量多(如油管、管接头)、分布广(如密封装置)，对液压系统和液压元件的正常运行、工作效率、使用寿命等影响极大，是保证液压系统有效地传递力和运动的重要元件。因此，在设计、选择、安装、使用和维护时，应给予足够的重视。辅助装置一般已标准化、系列化，应合理选用。油箱和蓄能器等，则常需要根据系统的要求进行必要的设计和计算。

7.1 油箱

7.1.1 功能、分类和特点

7.1.1.1 功能
(1) 储存系统所需的足够油液；
(2) 散发系统工作中产生的一部分热量；
(3) 分离油液中的气体及沉淀污物。

7.1.1.2 分类
(1) 按油箱液面与大气是否相通分为开式油箱和闭式油箱；
(2) 按油箱形状分为矩形油箱和圆筒形油箱；
(3) 按液压泵与油箱相对安装位置，分为上置式（液压泵装在油箱盖上）、下置式（液压泵装在油箱内浸入油中）和旁置式（液压泵装在油箱外侧旁边）三种油箱。

7.1.1.3 特点
对于上置式油箱，泵运转时由于箱体共鸣易引起震动和噪声，对泵的自吸能力要求较高，因此只适合于小泵；下置式油箱有利于泵的吸油，噪声也较小，但泵的安装、维修不便；对于旁置式油箱，因泵装于油箱一侧，且液面在泵的吸油口之上，最有利于泵的吸油、安装及泵和油箱的维修，此类油箱适合于大泵。开式油箱的典型结构见图7-1。

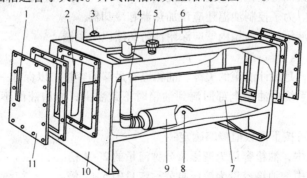

图 7-1 开式油箱结构示意图
1—液面指示器；2—回油管；3—泄油管；4—吸油管；5—空气滤清器（带加油滤油器）；
6—盖板；7—隔板；8—放油塞；9—滤油器；10—箱体；11—清洗用侧板

7.1.2　开式油箱的结构和容量

7.1.2.1　结构

开式油箱由薄钢板焊接而成，大的开式油箱往往用角钢做骨架，蒙上薄钢板焊接而成。油箱的壁厚根据需要确定，一般不小于3mm，特别小的油箱例外。油箱要有足够的刚度，以便在充油状态下吊运时，不致产生永久变形。

隔板7将油箱分割成两个相互连通的空间，隔板两侧分别放置回油管2和吸油管4，这样放置的目的是，使回油管出来的温度较高且含有污垢的油，不致立即被吸油管4吸回系统。

隔板高度最高为油箱高度的2/3，小的油箱可使油经隔板上的孔流到油箱的另一部分。较大的油箱有几块隔板，隔板宽度小于油箱宽度，使油经过曲折的途径才能缓慢到达油箱的另一部分。这样来自回油管的油液有足够的时间沉淀污垢并散热。有的隔板上带有网孔尺寸为0.246mm的滤网，它们既可阻留较大的污垢颗粒，又可使油中的空气泡破裂。

若油箱中装的不是油而是乳化液则不应设置隔板，以免油水分离。此种油箱应使乳化液在箱内流动时能充分搅拌（一般专设搅拌器），才能使油、水充分混合。即便是这种油箱，吸油管也应远离回油管。

泵的吸油管口距油箱底面最高点的距离不应小于50mm。一般在吸油管口安装粗滤油器9。有时在吸油管附近还装有磁性滤油器。这样安置吸油管是为防止吸油管吸入污垢。

回油管至少应伸入最低液面以下500mm，以防止空气混入，与箱底距离不得小于管径的1.5倍，以防止箱底的沉积物冲起。管端应切成面对箱壁的45°切口，或在管端装扩散器以减慢回油流速。为了减少油管的管口数目，可将各回油管汇总成为回油总管再通入油箱。回油总管的尺寸理所当然应大于各个回油管。

泄油管3必须和回油管2分开，不得合用一根管子。这是为了防止回油管中的背压传入泄油管。一般泄油管端应在液面之上，以利于重力泄油和防止虹吸。

不管何种管子穿过油箱上盖或侧壁时。均靠焊接在上盖或侧壁上的法兰和接头使管子固定和密封。

油箱上盖是可拆的，但需要密封以防灰尘等侵入油箱，但是油面要保持大气压，这就需要使油箱和大气相通，于是在油箱上设专用的空气滤清器5并应兼有注油口的职能。

箱底应略倾斜，并在最低点设置放油塞8，以利于放净箱内油。箱底离地面不少于150mm，以利于放油、通风冷却和搬运。

为便于清洗，较大油箱应在侧壁上设清洗侧板11。应在易于观察的部位设液面指示器1，同时还应有测温装置。为了控制油温还应设加热器和冷却器。

若油箱装石油基液压油，油箱内壁应涂耐油防锈漆以防生锈。

7.1.2.2　容量

油箱容量的确定，是设计油箱的关键。油箱应有足够的容量，以保证一定的液面高度防止液压泵吸空。为保证系统中油液全部回流到油箱时不致溢出，油箱液面不应超过油箱高度的80%。

油箱的有效容积可按下列数值概略确定：

（1）在低压系统中，油箱容量为液压泵公称流量的2～4倍。

（2）在中压系统中，油箱容量为液压泵公称流量的5～7倍。

（3）在高压系统中，油箱容量为液压泵公称流量的6～12倍。

（4）在行走机械中，油箱容量为液压泵公称流量的1.5～2倍。

7.2　蓄能器

在液压系统中蓄能器占有重要的地位。当系统有多余能量时，蓄能器将液压油的压力能转换成势能储存起来；当系统需要时又将势能转换成油液的压力能释放出来。

7.2.1　蓄能器的类型及特点

蓄能器主要有弹簧式和气体隔离式两种类型，它们的结构简图和特点如表 7-1 所示。目前气体隔离式蓄能器应用广泛。

表 7-1　蓄能器的种类和特点

名　称		结构简图及图形符号	特 点 和 说 明
弹簧式		 弹簧 活塞 液压油 弹簧式	1. 利用弹簧的伸缩来储存、释放压力能； 2. 结构简单，反应灵敏，但容量小； 3. 供小容量、低压（$p \leqslant 1 \sim 1.2 \text{MPa}$）回路缓冲之用，不适用于高压或高额的工作场合
气体隔离式	气瓶式	 压缩空气 液压油 气瓶式	1. 利用气体的压缩和膨胀来储存、释放压力能，气体和油液在蓄能器中直接接触； 2. 容量大、惯性小、反应灵敏，轮廓尺寸小，但气体容量混入油内，影响系统工作平稳性； 3. 只适用于大流量的中、低压回路
	活塞式	 气口 壳体 活塞 活塞式	1. 利用气体的压缩和膨胀来储存、释放压力能，气体和油液在蓄能器中由活塞隔开； 2. 结构简单，工作可靠，安装容易，维护方便，但活塞惯性大，活塞和缸壁间有摩擦，反应不够灵敏，密封要求较高； 3. 用来储存能量，或供中、高压系统吸收压力脉动之用
	皮囊式	 充气阀 壳体 气囊 菌形阀 皮囊式	1. 利用气体的压缩和膨胀来储存、释放压力能，气体和油液在蓄能器中由皮囊隔开； 2. 带弹簧的菌状进油阀使油液能进入蓄能器又可防止皮囊自油口被挤出，充气阀只在蓄能器工作前皮囊充气时打开，蓄能器工作时则关闭； 3. 结构尺寸小，质量轻，安装方便，维护容易，皮囊惯性小，反应灵敏，但皮囊和壳体制造都较难； 4. 折合型皮囊容量较大，可用来储存能量；波纹型皮囊适用于吸收冲击

7.2.2　蓄能器的用途

蓄能器在液压系统中的作用主要有以下几个方面：

（1）用于储存能量和短期大量供油。液压缸在慢速运动时需要流量较小，快速时则较大，在选择液压泵时，应考虑快速时的流量。液压系统设置蓄能器后，可以减小液压泵的容量和驱动电机的功率。在图7-2中，当液压缸停止运动时，系统压力上升，压力油进入蓄能储存能量。当换向阀切换使液压缸快速运动时，系统压力降低，此时蓄能器中压力油排放出来与液压泵同时向液压缸供油。这种蓄能器要求容量较大。

（2）用于系统保压和补偿泄漏。如图7-3所示，当液压缸夹紧工件后，液压泵供油压力达到系统最高压力时，液压泵卸荷，此时液压缸靠蓄能器来保持压力并补偿漏油，减少功率消耗。

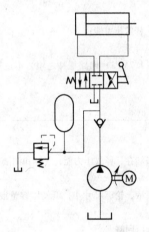

图 7-2　蓄能器用于储存能量
和短期大量供油

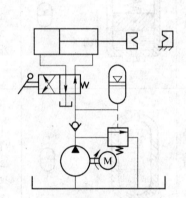

图 7-3　蓄能器用于系统保压
和补偿泄漏

（3）用于应急油源。液压设备在工作中遇到特殊情况，如停电，液压阀或泵发生故障等，蓄能器可作为应急动力源向系统供油，使某一动作完成，从而避免事故发生。图7-4是蓄能器用作应急油源，正常工作时，蓄能器储油，当发生故障时，则依靠蓄能器提供压力油。

（4）用于吸收脉动压力。蓄能器与液压泵并联可吸收液压泵流量（压力）脉动（图7-5）。对这种蓄能

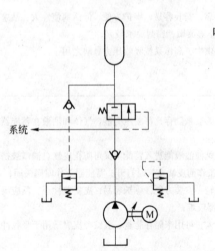

图 7-4　蓄能器用于应急油源

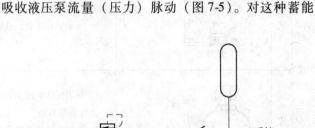
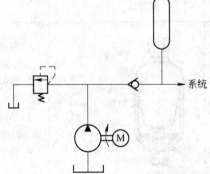

图 7-5　蓄能器用于吸收脉动压力

器要求是容量小、惯性小、反应灵敏。

（5）用于缓和冲击压力。图7-6中当阀突然关闭时，由于存在液压冲击会使管路破坏、泄漏增加、损坏仪表和元件，此时蓄能器可以起到缓和液压冲击的作用。用于缓和冲击压力时，要选用惯性小的气囊式、隔膜式蓄能器。

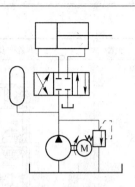

图7-6　蓄能器用于
缓和冲击压力

7.2.3　安装和使用

（1）充气式蓄能器应将油口向下垂直安装，以使气体在上液体在下；装在管路上的蓄能器要有牢固的支持架装置。

（2）液压泵与蓄能器之间应设单向阀，以防压力油向液压泵倒流；蓄能器与系统连接处应设置截止阀，供充气、调整、检修使用。

（3）应尽可能将蓄能器安装在靠近振动源处，以吸收冲击和脉动压力，但要远离热源。

（4）蓄能器中应充氮气，不应充空气和氧气。充气压力约为系统最低工作压力的85%～90%。

（5）不能拆卸在充油状态下的蓄能器。

（6）在蓄能器上不能进行焊接、铆接、机械加工。

（7）备用气囊应存放在阴凉、干燥处。气囊不可折叠，而要用空气吹到正常长度后悬挂起来。

（8）蓄能器上的铭牌应置于醒目的位置，铭牌上不能喷漆。

7.3　过滤器

过滤器的作用是过滤掉油液中的杂质，降低液压系统中油液污染度，保证系统正常工作。

7.3.1　对过滤器的要求

液压油中往往含有颗粒状杂质，会造成液压元件相对运动表面的磨损、滑阀卡滞、节流孔堵塞，以致影响液压系统正常工作和寿命。一般对过滤器的基本要求是：

（1）能满足液压系统对过滤精度要求，即能阻挡一定尺寸的机械杂质进入系统。

（2）通流能力大，即全部流量通过时，不会引起过大的压力损失。

（3）滤芯应有足够强度，不会因压力油的作用而损坏。

（4）易于清洗或更换滤芯，便于拆装和维护。

过滤器的过滤精度是指滤芯能够滤除的最小杂质颗粒的大小，以直径 d 作为公称尺寸，按精度可分为粗过滤器（$d \leqslant 100\mu m$），普通过滤器（$d \leqslant 10\mu m$），精过滤器（$d \leqslant 5\mu m$），特精滤器（$d \leqslant 1\mu m$）。

7.3.2　过滤器的类型及特点

常用过滤器的类型及结构特点见表7-2。

表 7-2　常用过滤器的类型及结构特点

类型	名称及结构简图	特 点 说 明
表面型	网式过滤器	1. 过滤精度与金属丝层数及网孔大小有关，在压力管路上常采用网孔尺寸为 0.074mm、0.104mm、0.147mm 的铜丝网，在液压泵吸油管路上常采用网孔尺寸为 0.369 ~ 0.833mm 的铜丝网； 2. 压力损失不超过 0.004MPa； 3. 结构简单，通流能力大，清洗方便，但过滤精度低
	线隙式过滤器	1. 滤芯的一层金属依靠小间隙来挡住油液中杂质的通过； 2. 压力损失约为 0.003 ~ 0.06MPa； 3. 结构简单，通流能力大，过滤精度高，但滤芯材料强度低，不易清洗； 4. 用于低压管道口，在液压泵吸油管路上时，它的流量规格宜选用比泵大
深度型	纸芯式过滤器　A—A	1. 结构与线隙式相同，但滤芯用平纹或波纹的纸芯增大过滤面积，纸芯制成折叠形； 2. 压力损失约为 0.01 ~ 0.04MPa； 3. 过滤精度高，但堵塞后无法清洗，必须更换纸芯； 4. 通常用于精过滤
	烧结式过滤器	1. 滤芯由金属微孔杂质制成，改变金属粉末的颗粒大小，就可以制出不同过滤精度的滤芯； 2. 压力损失约为 0.03 ~ 0.2MPa； 3. 过滤精度高，滤芯能承受高压，颗粒易脱落，堵塞后不易清洗； 4. 适用于精过滤

类型	名称及结构简图	特 点 说 明
吸附型	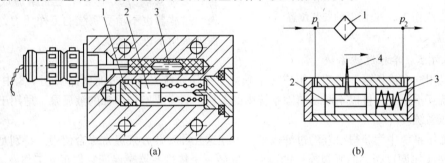进油 1 2 3 出油 1—铁环；2—非磁性罩子；3—永久磁铁	1. 滤芯由永久磁铁制成； 2. 常与其他形式滤芯合起来制成复合式过滤器； 3. 对加工钢铁件的机床液压系统特别适用

7.3.3 带堵塞指示发讯装置的滤油器

为了便于观察滤油器在工作中的过滤性能，及时发现问题，上述的线隙式和纸芯式等滤油器上装有如图 7-7 所示的堵塞指示装置和发讯报警装置，当滤芯被杂质堵塞时，流入和流出滤芯内外层的油液压差增大，使堵塞指示发讯装置动作，发出指示讯号。

(a)   (b)

图 7-7 堵塞指示发讯装置的结构原理

（a）电磁干簧管式；（b）滑阀式

堵塞指示发讯装置有电磁干簧管式与滑阀式两类。图 7-7a 为电磁干簧管式，因污垢积聚而产生的滤芯压差作用在柱塞 1 上。使它和磁钢 2 一起克服弹簧力右移，当压差达到一定值（如 0.35MPa）时，永久磁钢将干簧管 3 的触点吸合，于是电路闭合，发出（灯亮或蜂鸣器鸣叫）信号。图 7-7b 为滑阀式堵塞指示装置，当滤油器 1 的滤芯被污垢堵塞时，压差（$p_1 - p_2$）增大，活塞 2 克服弹簧 3 的弹簧力右移，带动指针 4，由指针位置可知滤芯堵塞情况，从而决定是否需要清洗或更换滤芯。

7.3.4 过滤器的安装

根据滤油器性能和液压系统的工作环境不同，过滤器在液压系统中有不同的安装位置。

7.3.4.1 安装在液压泵吸油路上

在液压泵吸油路上安装过滤器（图 7-8 中的 1）可使系统中所有元件得到保护。但要求滤油器有较大的通油能力和较小的阻力（不大于 10kPa），否则将造成液压泵吸油不畅，或出现空穴现象，所以一般都采用过滤精度较低的网式过滤器。而且液压泵磨损产生的颗粒仍将进入系统，所以这种安装方式实际上主要起保护液压泵的作用。

7.3.4.2　安装在压油路上

这种安装方式可以保护除泵以外的其他元件（图7-8中的2）。由于过滤器在高压下工作，滤芯及壳体应能承受系统的工作压力和冲击压力，压降应不超过350kPa。为了防止过滤器堵塞而使液压泵过载或引起滤芯破裂，过滤器应安装在溢流阀的分支油路之后，也可与滤油器并联一旁通阀或堵塞指示器。

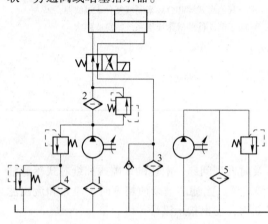

图7-8　过滤器的安装位置

1~5—过滤器

7.3.4.3　安装在回油路上

由于回油路压力低，这种安装方式可采用强度较低的过滤器，而且允许过滤器有较大的压力损失。它对系统中的液压元件起间接保护作用。为防备过滤器堵塞，也要并联一个安全阀（图7-8中的3）。

7.3.4.4　安装在旁路上

主要是装在溢流阀的回路上，并有一安全阀与之并联（图7-8中的4）。这时过滤器通过的只是系统的部分流量，可降低过滤器的容量，这种安装方式不会在主油路造成压力损失，过滤器也不承受系统的工作压力，但不能保证杂质不进入系统。

7.3.4.5　单独过滤系统

这是用一个液压泵和过滤器组成一个独立于液压系统之外的过滤回路（图7-8中5）。它与主系统互不干扰，可以不断地清除系统中的杂质。它需要增加单独的液压泵，适用于大型机械的液压系统。

在液压系统中为获得很好的过滤效果，上述这几种安装方式经常综合使用。特别是在一些重要元件（如调速阀、伺服阀等）的前面，安装一个精过滤器来保证它们正常工作。

7.4　热交换器

液压系统中油液的工作温度一般以40~60℃为宜，最高不超过65℃，最低不低于15℃。油温过高或过低都会影响系统正常工作。为控制油液温度，油箱上常安装冷却器和加热器。

7.4.1　冷却器

图7-9所示为最简单的蛇形管冷却器，它直接安装在油箱内并浸入油液中，管内通冷却水。这种冷却器的冷却效果好，耗水量大。

液压系统中用得较多的是一种强制对流式多管冷却器，如图7-10所示。油从油口c进入，从油口b流出；冷却水

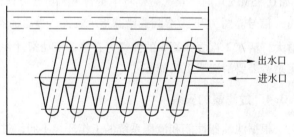

出水口
进水口

图7-9　蛇形管冷却器示意图

从右端盖4中部的孔d进入，通过多根水管3从左端盖1上的孔a流出，油在水管外面流过，

三块隔板 2 用来增加油液的循环距离，以改善散热条件，冷却效果好。

　　液压系统中也可用风冷式冷却器进行冷却。风冷式冷却器由风扇和许多带散热片的管子组成，油液从管内流过，风扇迫使空气穿过管子和散热片表面，使油液冷却。风冷式冷却器结构简单，价格低廉，但冷却效果较水冷式差。

　　冷却器一般都安装在回油路及低压管路上，图 7-11 所示是冷却器常用的一种连接方式。溢流阀 6 对冷却器起保护作用；当系统不需冷却时截止阀 4 打开，油液直通油箱。

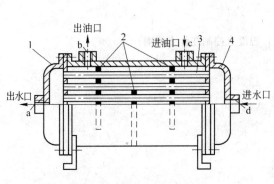

图 7-10　对流式多管冷却器

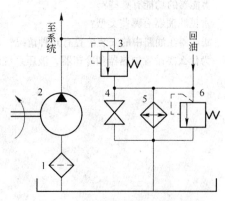

图 7-11　冷却器的连接方式图
1—过滤器；2—液压泵；3，6—溢流阀；
4—截止阀；5—冷却器

7.4.2　加热器

　　液压系统中油温过低时可使用加热器，一般常采用结构简单，能按需要自动调节最高最低温度的电加热器。电加热器的安装方式如图 7-12 所示。电加热器水平安装，发热部分应全部浸入油中，安装位置应使油箱内的油液有良好的自然对流，单个加热器的功率不能太大，以避免其周围油液过度受热而变质。冷却器和加热器的图形符号如图 7-13 所示。

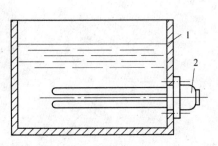

图 7-12　加热器安装示意图
1—油箱；2—电加热器

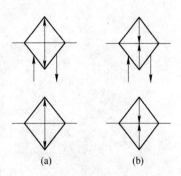

图 7-13　热交换器图形符号
（a）冷却器；（b）加热器

思　考　题

7-1　油箱的功能有哪些?

7-2　蓄能器的结构类型有哪些，它们在性能上有何特点?

7-3　蓄能器的功能有哪些?

7-4　常见滤油器有哪些类型?

7-5　滤油器在油路中的安装位置有几种情况?

7-6　为什么要设置加热器和冷却器，液压系统的工作温度宜控制在什么范围?

8 液压基本回路

冶金机械的工作机构和工作部件均是为了完成工作任务和规定的动作而设置的，因此必须克服一定的工作阻力（或力矩），且速度的大小要作相应的变化，运动方向也要按规定变换并实现所要求的工作循环等，当采用液压传动时，上述功能则由液压基本回路来完成，所以液压基本回路是由液压元件组成并能完成特定功能的典型油路。根据机器的具体要求，选用若干液压基本回路，即可以组合构成一个完整的液压系统。应该指出，所选用的液压基本回路，由于采用的液压元件、连接方式和控制方法的不同，往往有多种实现方法。因此，能够熟悉和掌握液压基本回路的组成，作用原理和特点，对于分析和设计液压系统都是十分重要的。以下讨论液压系统中较常用的一些液压基本回路，主要有压力控制回路、速度控制回路、方向控制回路等。

8.1 方向控制回路

在液压系统中，执行元件的启动、停止、改变运动方向是通过控制元件对液流实行通、断、改变流向来实现的，这些回路称为方向控制回路

8.1.1 换向回路

如图 8-1 所示回路，用二位二通换向阀控制液流的通与断，以控制执行机构的运动与停止。图示位置时，油路接通；当电磁铁通电时，油路断开，泵的排油经溢流阀流回油箱。

图 8-2 所示为换向阀换向回路。当三位四通换向阀左位工作时，液压缸活塞向右运动；当换向阀中位工作时，活塞停止运动；当换向阀右位工作时，活塞向左运动。同样，采用 O 型、Y 型、M 型等换向阀也可实现油路的通与断。

图 8-3 所示为差动缸回路。当二位三通换向阀左位工作时，液压缸活塞快速向左移动，构成差动回路；当换向阀右位工作时，活塞向右移动。

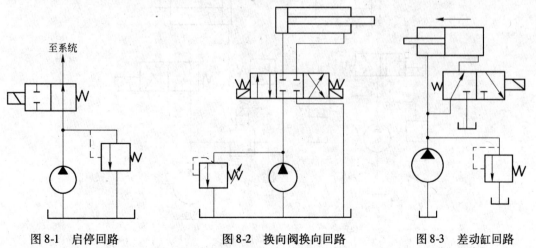

图 8-1　启停回路　　　　图 8-2　换向阀换向回路　　　　图 8-3　差动缸回路

8.1.2　锁紧回路

锁紧回路是使液压缸能在任意位置上停留，且停留后不会在外力作用下移动位置的回路。

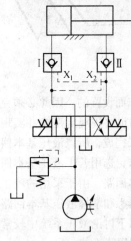

在图 8-4 中，当换向阀处于左位或右位工作时，液控单向阀控制口 X_2 或 X_1 通入压力油，缸的回油便可反向流过单向阀口，故此时活塞可向右或向左移动。到了该停留的位置时，只要令换向阀处于中位，因阀的中位机能为 H 型，控制油直通油箱，故控制压力立即消失（Y 型中位机能亦可），液控单向阀不再双向导通，液压缸因两腔油液被封死便被锁紧。由于液控单向阀中的单向阀采用座阀式结构，密封性好，极少泄漏，故有液压锁之称。锁紧精度只受缸本身的泄漏影响。

当换向阀的中位机能为 O 或 M 等型时，似乎无需液控单向阀也能使液压缸锁紧。其实由于换向阀存在较大的泄漏，锁紧功能较差，只能用于锁紧时间短且要求不高处。

图 8-4　锁紧回路

8.2　压力控制回路

压力控制回路用来控制液压系统或系统中某一部分的压力，以满足执行机构对力或扭矩的要求。

8.2.1　调压回路

8.2.1.1　双向调压回路

执行元件正反行程需不同的供油压力时，可采用双向调压回路，如图 8-5 所示。图 8-5a 中，当换向阀在左位工作时，活塞为工作行程，泵出口由溢流阀 1 调定为较高压力，缸右腔油液通过换向阀回油箱，溢流阀 2 此时不起作用。当换向阀如图示在右位工作时，缸作空行程返回，泵出口由溢流阀 2 调定为较低压力，阀 1 不起作用。缸退抵终点后，泵在低压下回油，功率损耗小。图 8-5b 所示回路在图示位置时，阀 2 的出口为高压油封闭，即阀 1 的远控口被堵塞，故泵压由阀 1 调定为较高压力。当换向阀在右位工作时，液压缸左腔通油箱，压力为零，阀 2 相当于是阀 1 的远程调压阀，泵压被调定为较低压力。图 8-5b 回路的优点是：阀 2 工作

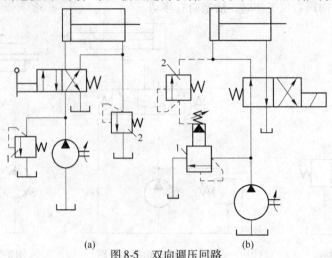

(a)　　　　　　　　　　　　　(b)

图 8-5　双向调压回路

中仅通过少量泄油，故可选用小规格的远程调压阀。

8.2.1.2 多级调压回路

注塑机、液压机在不同的工作阶段，液压系统需要不同的压力。图8-6a所示为二级调压回路。在图示状态，泵出口由溢流阀调定为较高压力；电磁阀通电后，则由远程调压阀2调定为较低压力。图8-6b为三级调压回路。图示状态时，泵出口由阀1调定为最高压力（若阀4采用H型中位机能的电磁阀，则此时泵卸荷，即为最低压力）；当换向阀4的左、右电磁铁分别通电时，泵压由远程调压阀2或3调定。

需要强调：在图8-6a或b中，为了获得多级压力，阀2或阀3的调定压力必须小于本回路中阀1的调定压力值。

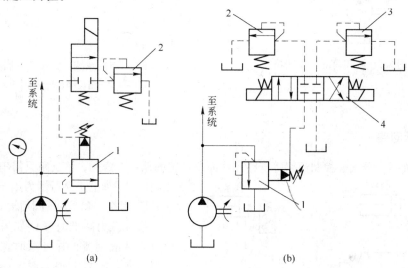

图 8-6　多级调压回路

8.2.2 保压回路

液压缸在工作循环的某一阶段，若需要保持一定的工作压力，就应采用保压回路。在保压阶段，液压缸没有运动，最简单的办法是用一个密封性能好的单向阀来保压。但是这种办法保压时间短，压力稳定性不高。由于此时液压泵常处于卸荷状态（为了节能）或给其他液压缸供应一定压力的工作油液，为补偿保压缸的泄漏和保持其工作压力，可在回路中设置蓄能器。下面列举几个典型的蓄能器保压回路。

8.2.2.1 泵卸荷的保压回路

如图8-7所示的回路，当主换向阀在左位工作时，液压缸前进压紧工件，进油路压力升高，压力继电器发讯使二通阀通电，泵即卸荷，单向阀自动关闭，液压缸则由蓄能器保压。缸压不足时，压力继电器复位使泵重新工作。保压时间取决于蓄能器容量，调节压力继电器的通断调节区间即可调节缸压力的最大值和最小值。

8.2.2.2 多缸系统一缸保压的回路

多缸系统中负载的变化不应影响保压缸内压力的稳定。如图8-8所示的回路中，进给缸快进时，泵压下降，但单向阀3关闭，把夹紧油路和进给油路隔开。蓄能器4用来给夹紧缸保压并补偿泄漏，压力继电器5的作用是在夹紧缸压力达到预定值时发出电信号，使进给缸动作。

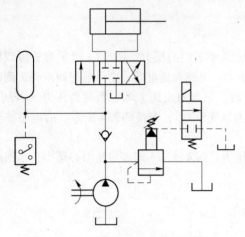

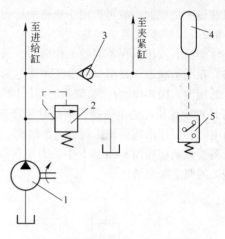

图 8-7　泵卸荷的保压回路　　　　　　图 8-8　多缸系统一缸保压的回路

1—泵；2—溢流阀；3—单向阀；
4—蓄能器；5—压力继电器

8.2.3　减压回路

　　定位、夹紧、分度、控制油路等支路往往需要稳定的低压，为此，该支路只需串接一个减

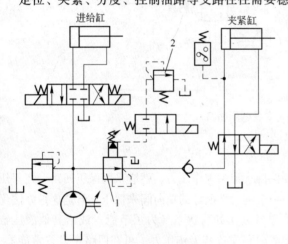

图 8-9　减压回路

1—减压阀；2—远程调压阀

压阀即可。如图 8-9 所示为用于工件夹紧的减压回路。通常减压阀后要设单向阀，以防系统压力降低时（例如另一缸空载快进）油液倒流，并可短时保压。图示状态，夹紧压力由阀 1 调定；当二通阀通电后，夹紧压力则由远程调压阀 2 决定，故此回路为二级减压回路。若系统只需一级减压，可取消二通阀与阀 2，堵塞阀 1 的外控口。若取消二通阀，阀 2 用直动式比例溢流阀取代，根据输入信号的变化，便可获得无级或多级的稳定低压。有时反向无需减压，可用单向减压阀取代，但此时要将单向减压阀置于换向阀与夹紧缸之间，否则不起作用。

　　为使减压回路可靠地工作，其最高调整压力应比系统压力低出一定的数值，例如中高压系列减压阀约为 1MPa（中低压系列约为 0.5MPa），否则减压阀不能正常工作。当减压支路的执行元件速度需要调节时，节流元件应装在减压阀的出口，因为减压阀起作用时，有少量泄油从先导阀流回油箱，节流元件装在出口，可避免泄油对节流元件调定的流量产生影响。减压阀出口压力若比系统压力低得很多，会增加功率损失和系统升温，必要时可用高低压双泵分别供油。

8.2.4　卸荷回路

　　在液压设备短时间停止工作期间，一般不宜关闭电动机，因频繁启闭对电动机和泵的寿命有严重影响。但若让泵在溢流阀调定压力下回油，又造成很大的能量浪费，使油温升高，系统性能下降。为此应设置卸荷回路解决上述矛盾。

所谓卸荷，即泵的功率损耗接近于零的运转状态。功率为流量与压力之积，两者任一近似为零，功率损耗即近似为零，故卸荷有流量卸荷和压力卸荷两种方法。流量卸荷法用于变量泵，一般变量泵当工作压力高到某数值（例如限压式变量叶片泵在截止压力下运转）时，输出流量为零，所以 O 型机能三位换向阀处于中位时，变量泵便处于卸荷状态。此法简单，但泵处于高压状态，磨损比较严重。压力卸荷法是使泵在接近零压下工作。常见的压力卸荷回路有下述几种。

8.2.4.1 换向阀卸荷回路

M、H 和 K 型中位机能的三位换向阀处于中位时，泵即卸荷，如图 8-10a 所示。图 8-10b 所示为利用二位二通阀旁路卸荷。两法均较简单，但换向阀切换时会产生液压冲击，仅适用于低压、流量小于 40L/min 处，且配管应尽量短。若将图 8-10a 中的换向阀改为装有换向时间调节器的电液换向阀，则可用于流量较大的系统，卸荷效果将会很好（注意：此时泵的出口或换向阀回油口应设置背压阀，以便系统能重新启动）。

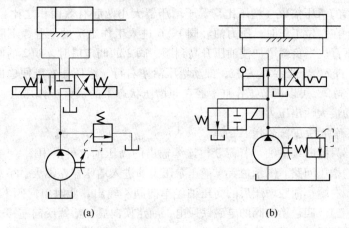

(a)   (b)

图 8-10 换向阀卸荷回路

8.2.4.2 电磁溢流阀卸荷回路

流量较大时采用先导式溢流阀实现卸荷的方法性能较好，其原理已在第 4 章中述及。此回路若采用电磁溢流阀（图 8-11），管路连接可更简便。电磁溢流阀中的电磁换向阀可以是二位二通阀或二位四通阀。根据二位阀常态位的通断情况，常态时泵可卸荷或不卸荷；通过二位阀的泄油可作外部泄油（泄油单独通油箱）或内部泄油（泄油由阀内接通溢流阀的回油腔）。图 8-11 所示为其中的两种情况。

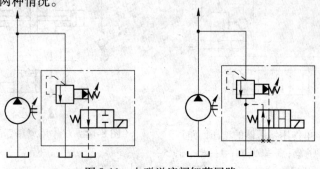

图 8-11 电磁溢流阀卸荷回路

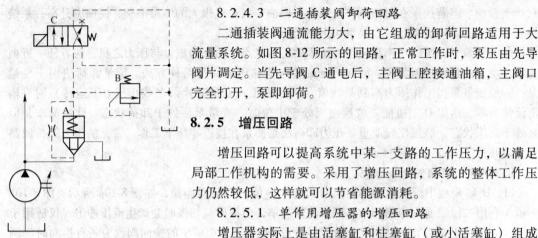

图 8-12　二通插装阀卸荷回路

8.2.4.3　二通插装阀卸荷回路

二通插装阀通流能力大，由它组成的卸荷回路适用于大流量系统。如图 8-12 所示的回路，正常工作时，泵压由先导阀片调定。当先导阀 C 通电后，主阀上腔接通油箱，主阀口完全打开，泵即卸荷。

8.2.5　增压回路

增压回路可以提高系统中某一支路的工作压力，以满足局部工作机构的需要。采用了增压回路，系统的整体工作压力仍然较低，这样就可以节省能源消耗。

8.2.5.1　单作用增压器的增压回路

增压器实际上是由活塞缸和柱塞缸（或小活塞缸）组成的复合缸（见图 8-13 中 4），它利用活塞和柱塞（或小活塞）有效面积的不同使液压系统中的局部区域获得高压。显然，在不考虑摩擦损失与泄漏的情况下，单作用增压器的增压倍数（增压比）等于增压器大小两腔有效面积之比。在图 8-13 所示的回路中，当阀 1 在左位工作时，压力油经阀 1、6 进入工作缸 7 的上腔，下腔经顺序阀 8 和阀 1 回油，活塞下行。当负载增加使油压升高到顺序阀 2 的调定值时，阀 2 的阀口打开，压力油即经阀 2、阀 3 进入增压器 4 的左腔，推动增压活塞右行，增压器右腔便输出高压油进入工作缸 7。调节顺序阀 2，可以调节工作缸上腔在非增压状态下的最大工作压力。调节减压阀 3，可以调节增压器的最大输出压力。

8.2.5.2　双作用增压器的增压回路

单作用增压器只能断续供油，若需获得连续输出的高压油，可采用图 8-14 所示的双作用增压器连续供油的增压回路。图示位置，液压泵压力油进入增压器左端大、小油腔，右端大油腔的回油通油箱，右端小油腔增压后的高压油经单向阀 4 输出，此时单向阀 1、3 被封闭。当活塞移到右端时，二位四通换向阀的电磁铁通电，油路换向后，活塞反向左移。同理，左端小油腔输出的高压油通过单向阀 3 输出。这样，增压器的活塞不断往复运动，两端便交替输出高压油，从而实现了连续增压。

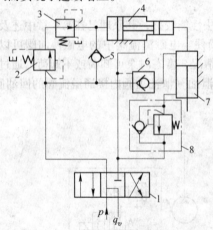

图 8-13　单作用增压器的增压回路

1—换向阀；2—顺序阀；3—减压阀；4—增压器；5—单向阀；6—液控单向阀；7—工作缸；8—单向顺序阀

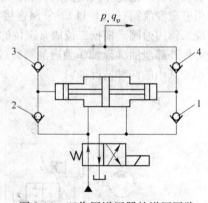

图 8-14　双作用增压器的增压回路

8.2.6 平衡回路

为了防止立式液压缸及其随行工作部件在悬空停止期间因自重而自行下滑或在下行运动中由于自重造成失控超速不稳定运动，可在液压缸下行的回路上设置能产生一定背压的液压元件，构成平衡回路。

图 8-15a 是采用单向顺序阀的平衡回路，单向顺序阀的调定压力应能平衡因工作部件自重在液压缸下腔所形成的压力。当换向阀左位工作时，活塞下行，由于单向顺序阀产生的背压能平衡运动部件自重，所以不会产生超速现象，但活塞下行时有较大的功率损失。为减少功率损失可采用远控式单向顺序阀，如图 8-15b 所示，当换向阀右位接入回路时，油液经单向阀进入液压缸有杆腔，活塞上升，无杆腔回油至油箱；当换向阀左位接入回路时，只有当进油压力达到远控顺序阀的调定压力时，活塞才能下降，有杆腔回油经顺序阀的节流口回油箱。这时若下降速度超过了设计速度，则无杆腔由于油泵供油不足而压力下降（或出现真空），顺序阀芯在弹簧力的作用下，自动关小（或关闭）节流口，以增大回油阻力，消除超速现象。这种回路背压较小，提高了回路效率，但是由于顺序阀的泄漏，悬停时运动部件总要缓慢下降。对要求停止位置准确或停留时间较长的液压系统，可采用液控单向阀的平衡回路。如图 8-16 所示，当换向阀 3 处于中位时，液控单向阀 4 关闭，缸 6 活塞停止运动并被锁紧，同图 8-15b 中的液控顺序阀一样，当换向阀右位切入回路时，压力油进入液压缸上腔，同时打开液控单向阀，活塞下行。回路中的液控单向阀可以克服活塞下行时因自重而超速运动，但短时超速运动可能出现，这种超速运动会引起液压缸上腔压力变化，使液控单向阀时开时闭，造成运动不平稳，设置单向节流阀 5 可以控制流量起调速作用，同时还可改善运动平稳性。溢流阀 2 可调节泵 1 的工作压力。

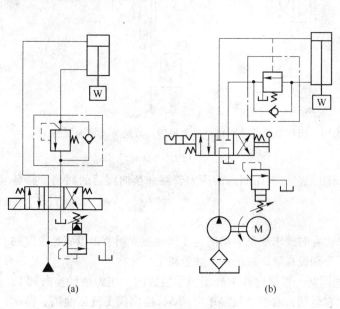

(a)   (b)

图 8-15 顺序阀平衡回路

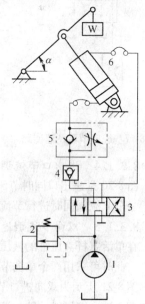

图 8-16 液控单向阀平衡回路

8.3 速度控制回路

在很多液压装置中，要求能够调节液动机的运动速度，这就需要控制液压系统的流量，或改变液动机的有效作用面积来实现调速。

8.3.1　节流阀调速回路

在采用定量泵的液压系统中，利用节流阀或调速阀改变进入或流出液动机的流量来实现速度调节的方法称为节流调速。采用节流调速，方法简单，工作可靠，成本低，但它的效率不高，容易产生温升。

8.3.1.1　进口节流调速回路

进口节流调速回路如图 8-17 所示，节流阀设置在液压泵和换向阀之间的压力管路上，无论换向阀如何换向，压力油总是通过节流之后才进入液压缸的。通过调整节流口的大小，控制压力油进入液压缸的流量，从而改变它的运动速度。

8.3.1.2　出口节流调速回路

出口节流调速回路如图 8-18 所示，节流阀设置在换向阀与油箱之间，无论怎样换向，回油总是经过节流阀流回油箱。通过调整节流的大小，控制液压缸回油的流量，从而改变它的运动速度。

8.3.1.3　旁路节流调速回路

旁路节流调速回路如图 8-19 所示，节流阀设置在液压泵与油箱之间，液压泵输出的压力油的一部分经换向阀进入液压缸，另一部分经节流阀流回油箱，通过调整旁路节流阀开口的大小来控制进入液压缸压力油的流量，从而改变它的运动速度。

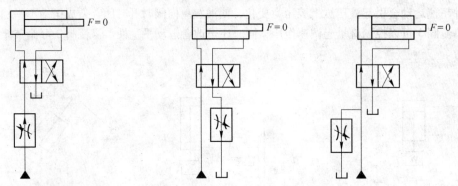

图 8-17　进口节流调速回路　　　图 8-18　出口节流调速回路　　　图 8-19　旁路节流调速回路

8.3.1.4　进出口节流调速回路

图 8-20 是进出口同时节流调速回路，它在换向阀前的压力管路和换向阀后的回油管路各设置一个节流阀同时进行节流调速。

8.3.1.5　双向节流调速回路

在单活塞杆液压缸的液压系统中，有时要求往复运动的速度都能独立调节，以满足工作的需要，此时可采用两个单向节流阀，分别设在液压缸的进出油管路上。

图 8-21 所示为双向进口节流调速回路。当换向阀 1 处于图示位置时，压力油经换向阀 1，节流阀 2 进入液压缸左腔，液压缸向右运动，右腔油液经单向阀 5，换向阀 1 流回油箱。换向阀切换到右端位置时，压力油经换向阀 1，节流阀 4 进入液压缸右腔，液压缸向左运动，左腔油液经单向阀 3、换向阀 1 流回油箱。

图 8-22 为双向出口节流调速回路，它的工作原理与双向进口节流调速回路基本相同，只是两个单向阀的方向恰好相反。

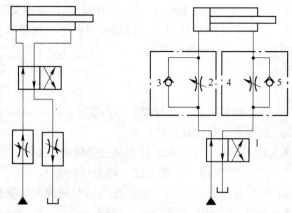

图8-20 进出口节流调速回路　图8-21 双向进口节流调速回路

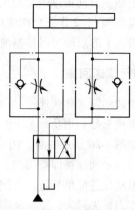

图8-22 双向出口节流调速回路

8.3.1.6 调速阀的桥式回路

调速阀的进出油口不能颠倒使用，当回路中必须往复流经调速阀时，可采用图8-23所示的桥式连接回路。换向阀6处于左端工作位置时，压力油经换向阀进入液压缸的左腔，活塞向右运动，右腔回油经单向阀1、调速阀5、单向阀2、换向阀6流回油箱，形成出口节流调速。换向阀6切换到右端工作位置时，压力油经换向阀6、单向阀3、调速阀5，单向阀4进入液压缸右腔，推动活塞向左运动，左腔油液经换向阀6流回油箱，形成进口节流调速。

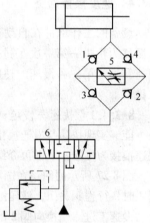

图8-23 桥式正反节流调速回路

8.3.2 容积调速回路

通过改变液压泵的流量来调节液动机运动速度的方法称为容积调速。采用容积调速的方法，系统效率高，发热少，但它比较复杂，价格较贵。

8.3.2.1 开式容积调速回路

图8-24是液压缸直线运动的开式容积调速回路。改变变量泵的流量可以调节液压缸的运动速度，单向阀用以防止停机时系统油液流空，溢流阀1在此回路作安全阀使用，溢流阀2作背压阀使用。

8.3.2.2 闭式容积调速回路

图8-25是采用双向变量泵的闭式容积调速回路，改变变

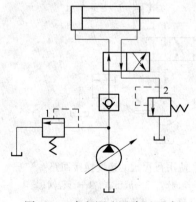

图8-24 容积调速回路（开式）

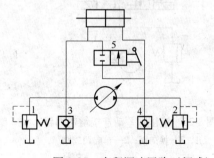

图8-25 容积调速回路（闭式）

量泵的输油方向可以改变液压缸的运动方向，改变输油流量可以控制液压缸的运动速度。图中两个溢流阀1、2作安全阀使用，单向阀3、4在液压缸换向时可以吸油以防止系统吸入空气，手动滑阀5的启闭可以控制液压缸的开停。

8.3.3　增速回路

增速回路又称快速运动回路，其功用在于使执行元件获得必要的高速度，以提高系统的工作效率或充分利用功率。下面仅介绍液压缸差动连接增速回路。

如图8-26所示回路，阀1和阀3在左位工作时，单杆液压缸差动连接做快进运动。当阀3通电时，差动连接即被切除，液压缸回油经过调速阀，实现工进。阀1切换至右位后，缸快退。差动快进简单易行，得到普遍应用。但要注意此时阀和管道应按差动时的较大流量选用，否则压力损失过大，使溢流阀在快进时也开启，则无法实现差动。

8.3.4　速度换接回路

设备的工作部件在自动循环工作过程中，需要进行速度换接，例如机床的二次进给工作循环为快进—第一次工进—第二次工进—快退，就存在着由快速转换为慢速、由第一种慢速转换为第二种慢速的速度换接等要求。实现这些功能的回路应该具有较高的速度换接平稳性。

8.3.4.1　快速与慢速的换接回路

能够实现快速与慢速换接的方法很多，前面提到的各种增速回路都可以使液压缸的运动由快速换接为慢速。下面再介绍一种使用行程阀的快慢速换接回路。

图8-27所示的回路在图示状态下，液压缸快进，当活塞所连接的工作部件挡块压下行程阀4时，行程阀关闭，液压缸右腔的油液必须通过节流阀6才能流回油箱，液压缸就由快进转换为慢速工进。当换向阀2的左位接入回路时，压力油经单向阀5进入液压缸右腔，活塞快速向左返回。这种回路的快慢速换接比较平稳，换接点的位置比较准确，缺点是行程阀的安装位置不能任意布置，管路连接较为复杂。若将行程阀改为电磁阀，如图8-26等图所示，安装连

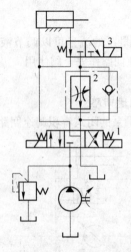

图8-26　液压缸差动连接增速回路

1,3—换向阀；2—单向调速阀

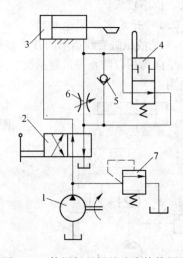

图8-27　使用行程阀的速度换接回路

1—泵；2—换向阀；3—液压缸；4—行程阀；

5—单向阀；6—节流阀；7—溢流阀

接就比较方便了，但速度换接的平稳性和可靠性以及换接精度都不如前者。

8.3.4.2 两种慢速的换接回路

图 8-28 所示为二调速阀串联的两工进速度换接回路。当阀 1 在左位工作且阀 3 断开时，控制阀 2 的通或断，使油液经调速阀 A 或既经 A 又经 B 才能进入液压缸左腔，从而实现第一次工进或第二次工进。但阀 B 的开口需调得比 A 小，即二工进速度必须比一工进速度低；此外，二工进时油液经过两个调速阀，能量损失较大。

图 8-29a 所示为二调速阀并联的两工进速度换接回路，主换向阀 1 在左位或右位工作时，缸做快进或快退运动。当主换向阀 1 在左位工作时，并使阀 2 通电，根据阀 3 不同的工作位置，进油需经调速阀 A 或 B 才能进入缸内，便可实现第一次工进和第二次工进速度的换接。两个调速阀可

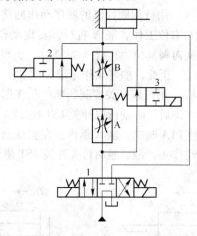

图 8-28 二调速阀串联的两工进速度换接回路

单独调节，两速度互无限制。但一阀工作时另一阀无油液通过，后者的减压阀部分处于非工作状态，若该阀内无行程限位装置，此时减压阀口将完全打开，一旦换接，油液大量流过此阀，缸会出现前冲现象。若将二调速阀如图 8-29b 方式并联，则不会发生液压缸前冲的现象。

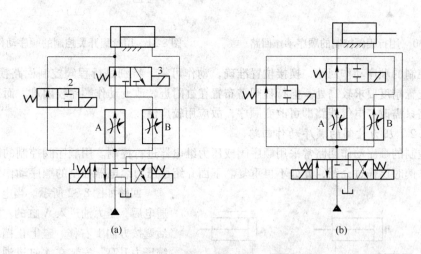

(a)　　　　　　　　　　　　　(b)

图 8-29 二调速阀并联的两工进速度换接回路

8.4 多缸工作控制回路

液压系统中，一个油源往往要驱动多个液压缸。按照系统的要求，这些缸或顺序动作，或同步动作，多缸之间要求能避免在压力和流量上的相互干扰。

8.4.1 顺序动作回路

此回路用于使各缸按预定的顺序动作，如工件应先定位、后夹紧、再加工等。按照控制方式的不同，有行程控制和压力控制两大类。

8.4.1.1 行程控制的顺序动作回路

（1）用行程阀控制的顺序动作回路。在图 8-30 所示状态下，A、B 两缸的活塞皆在左位。使阀 C 右位工作，缸 A 右行，实现动作①。挡块压下行程阀 D 后，缸 B 右行，实现动作②。手动换向阀复位后，缸 A 先复位，实现动作③。随着挡块后移，阀 D 复位，缸 B 退回，实现动作④。至此，顺序动作全部完成。

（2）用行程开关控制的顺序动作回路。在图 8-31 所示的回路中，1YA 通电，缸 A 右行完成动作①后，触动行程开关 1ST 使 2YA 通电，缸 B 右行，在实现动作②后，又触动行程开关 2ST 使 1YA 断电，缸 A 返回，在实现动作③后，又触动行程开关 3ST 使 2YA 断电，缸 B 返回，实现动作④，最后触动行程开关 4ST 使泵卸荷或引起其他动作，完成一个工作循环。

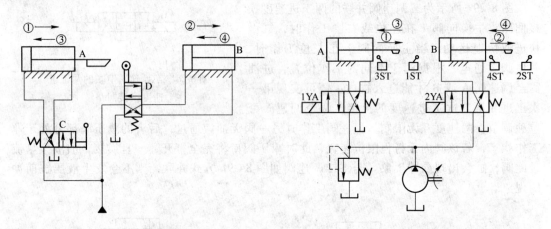

图 8-30 用行程阀控制的顺序动作回路   图 8-31 用行程开关控制的顺序动作回路

行程控制的顺序动作回路，换接位置准确，动作可靠，特别是行程阀控制回路换接平稳，常用于对位置精度要求较高处。但行程阀需布置在缸附近，改变动作顺序较困难。而行程开关控制的回路只需改变电气线路即可改变顺序，故应用较广泛。

8.4.1.2 压力控制的顺序动作回路

压力控制的顺序动作回路常采用顺序阀或压力继电器进行控制。用顺序阀控制的回路在顺序阀应用举例时已作过介绍，此处不再重复。下面介绍用压力继电器控制的顺序动作回路。

回路如图 8-32 所示。当电磁铁 1YA 通电后，压力油进入 A 缸的左腔，推动活塞按方向 1 右移。碰上止挡块后，系统压力升高，安装在 A 缸进油腔附近的压力继电器发出信号，使电磁铁 2YA 通电，于是压力油又进入 B 缸的左腔，推动活塞按方向 2 右移。回路中的节流阀以及和它并联的二通电磁阀是用来改变 B 缸运动速度的。为了防止压力继电器乱发信号，其压力调整数值一方面应比 A 缸动作时的最大压力高 0.3～0.5MPa，另一方面又要比溢流阀的调整压力低 0.3～0.5MPa。

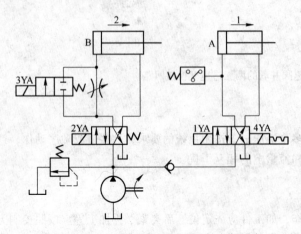

图 8-32 用压力继电器控制的顺序动作回路

8.4.2 多缸控制回路

多缸控制回路就是用一个压力油源来控制几个油缸同时动作或单个动作，这种控制回路分串联和并联两种。

8.4.2.1 串联控制回路

图 8-33 是用 M 型滑阀机能的换向阀将各油缸油路串联起来的回路。这种回路有如下缺点：

（1）同一时间内只宜一个油缸工作，因为在这种回路中，同时工作的油缸油压之和等于油泵供油压力。

（2）所有换向阀都要适应油泵的供油量，型号必须加大。

（3）三个或更多个的换向阀串联配置，阻力增大，使液压系统效率降低。

（4）回油背压随着油缸位置不同而发生变化。综合上述情况，应尽量少用这种回路。

8.4.2.2 并联控制回路

图 8-34 是在主油路上并联多个支油路，通过换向阀来控制油缸动作。这些油缸可以同时工作，也可以单独工作，但是当各油缸均不工作时，需要采取措施使油泵卸荷。油泵的供油量必须满足在同一时间内几个油缸同时工作所需的总流量，其油压必须满足油缸最高压力要求。

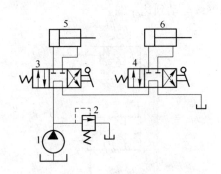

图 8-33 串联控制回路

1—油泵；2—溢流阀；3，4—换向阀；5，6—液压缸

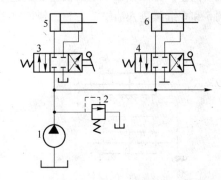

图 8-34 并联控制回路

1—油泵；2—溢流阀；3，4—换向阀；5，6—液压缸

8.5 同步回路

多个液压缸带动同一个工作结构时，它们的动作应该一致。但是有很多因素影响执行机构运动的一致。这些因素是负载、摩擦、泄漏、制造精度和结构变形上的差异。本回路的功能是尽管存在着这些差异而仍能使各缸的运动一致，也就是运动同步，即指各缸的运动速度和最终达到的位置相同。

8.5.1 油缸机械连接的同步回路

这种同步回路是用刚性梁、齿轮、齿条等机械零件在两个油缸的活塞杆间建立刚性连接，由此来实现位移的同步。图 8-35a 为刚性梁连接的同步回路；

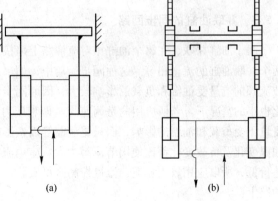

(a)   (b)

图 8-35 机械连接的同步回路

图 8-35b 为采用齿轮齿条连接的同步回路。这些同步方法较简单而经济，能基本上保证位置同步的要求。但由于连接的机械零件在制造和安装上的误差，所以不易获得较高的同步精度。此外，用刚性梁的机械连接，当两缸负载差别较大时，常会发生卡死现象。

8.5.2　串联油缸的同步回路

图 8-36 表示两个油缸油路串联的同步回路。如果这两个串联油腔的有效断面积相等，便可以实现两个油缸的位移同步。这种同步回路的缺点是对密封性的要求较高，同时由于油缸制造的误差、内部泄漏和混入空气等原因均能影响同步精度。为了提高同步精度，消除同步失调的毛病，就要对两油缸的连接油路采取补油措施。如图 8-37 所示的回路中，油缸 1 和 2 都是单活塞杆的，油缸 2 右侧有杆腔的有效断面积和油缸 1 左端的无杆腔的断面积相等，所以能够得到相同的运动速度。当两个活塞每一往复运动后相对位置产生误差时，可以用油缸上的特殊结构来加以消除，以免下一次往复运动时产生误差的积累。例如操纵换向阀使活塞换向后，油缸 2 的活塞比油缸 1 的活塞先到达左端，这时油缸 2 左端盖上的小顶杆 b 推开单向阀 3，使油缸 1 左腔的油液能从油缸 2 活塞杆中的单向阀 4 和 3 流回油箱，这样，油缸 1 中的活塞也能到达左端。同样，如果油缸 1 中的活塞先到达左端，则小顶杆 a 将单向阀 6 顶开，压力油就能经单向阀 5 和 6 继续进入油缸 2 右腔，使油缸 2 的活塞继续运动到达左端。

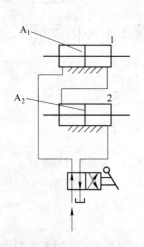

图 8-36　串联油缸的同步回路

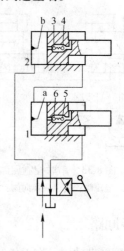

图 8-37　采用补油措施的串联油缸回路

8.5.3　并联油缸的同步回路

两个油缸并联，在每个油缸相对应油路上串接节流阀或调速阀，调节节流阀，便可使经过两个并联油缸的流量相等。这种同步运动中，如果所应用的流量控制阀是节流阀，则由于通过节流阀的流量受油温和负载的影响较大，因而同步精度较差。一般只用于油温变化小及负载变化也小的情况下。若所应用的是调速阀（即带压力、温度补偿的调速阀），就可使通过此阀的流量不受负载和油温的影响，而只受泄漏等因素影响，因而可获得较高的同步精度。其适应的油温变化及负载变化都比使用节流阀为大。应用流量控制阀的并联油缸同步回路其结构简单，造价低，所以应用较为普遍。流量控制阀可安装在各油缸的进油路上，也可安装在各油缸的回油路上。

图 8-38 为进油节流控制的同步回路。从油泵来的压力油经调速阀 1 和 2 分别到达油缸 6 和

7 上腔，调节流量阀就能使这两油缸同步升降。手动换向阀 3 是控制液动阀动作的，液动阀 4 和 5 是操纵油缸换向的。图 8-39 为油缸单侧进出节流控制的同步回路，其中几个单向阀的作用是使通过流量阀的流向一定，以适应流量阀的流向要求。当调节流量阀 2 和 3 时，可以使油缸 4 和 5 实现同步。

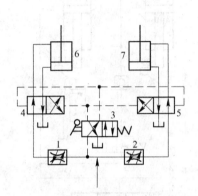
图 8-38 进油节流控制的同步回路

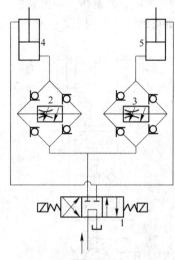
图 8-39 单侧进出油节流控制的同步回路

8.5.4 用分流阀（同步阀）的同步回路

当两个油缸的负载发生偏差时，一般的流量阀不能随之自动做相应的变化，就会出现较大的同步误差，此时应用分流阀的同步回路就可解决这个问题。图 8-40 所示为高炉液压护顶采用的分流集流阀的同步回路。压力油经分流阀 4 流到油缸 5 和 6，使这四个油缸同步上升。当把油液接到油箱时，油缸在自重的作用下，实现同步下降。

8.5.5 用流量控制阀的同步回路

在两个并联液压缸的进油或回油路上分别接两个完全相同的调速阀，仔细调整调速阀的开口大小，可实现两缸在同方向上的速度同步。该回路不易调整，遇到偏载或负载变化大时，同步精度不高。在图 8-41 中，用分流集流阀代替调速阀控制进入或流出两液压缸的流量，实现两缸两个方向的速度同步。遇有偏载时，同步作用靠分流集流阀自动调整，使用方便。回路中的单向节流阀 2 用来控制活塞的下降速度，液控单向阀 4 是防止活塞停止时因两缸负载不同而通过分流集流阀的内节流孔窜油。此回路压力损失较大，不宜用于低压系统。

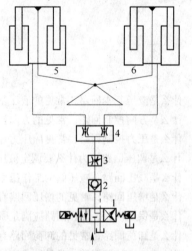
图 8-40 用分流阀的同步回路
1—换向阀；2—单向阀；3—节流阀；
4—分流阀；5，6—液压缸

8.5.6 带补偿措施的串联液压缸同步回路

图 8-42 中两缸串联，A 和 B 腔面积相等使进、出流量相等，两缸的升降便得到同步。而

补偿措施使同步误差在每一次下行运动中都可消除。例如阀5在右位工作时，缸下降，若缸1的活塞先运动到底，它就触动电气行程开关1ST，使阀4通电，压力油便通过该阀和单向阀向缸2的B腔补入，推动活塞继续运动到底，误差即被消除。若缸2先到底，触动行程开关2ST，阀3通电，控制压力油使液控单向阀反向通道打开，缸1的A腔通过液控单向阀回油，其活塞即可继续运动到底。这种串联液压缸同步回路只适用于负载较小的液压系统。

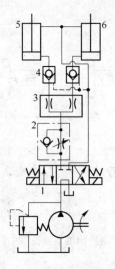

图 8-41　用分流集流阀的同步回路

1—三位四通换向阀；2—单向节流阀；3—分
流集流阀；4—液控单向阀；5，6—液压缸

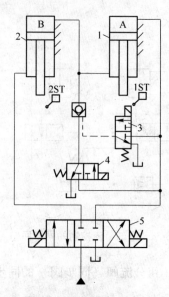

图 8-42　带补偿措施的串联液压缸同步回路

思 考 题

8-1　什么是液压基本回路，常见的液压基本回路有哪几类，各起什么作用？

8-2　什么是方向控制回路，常见的方向控制回路有哪几种？

8-3　什么是压力控制回路，常见的压力控制回路有哪几种，各有什么特点？

8-4　什么是调压回路，为什么要调定液压系统的压力？

8-5　什么是减压回路，减压阀的工作压力应在什么范围内选取？

8-6　什么是增压回路，常见的增压回路有哪几种，各有什么特点？

8-7　什么是保压回路，保压回路应满足哪些基本要求？

8-8　什么是卸荷回路，常见的卸荷回路有哪几种，各有什么特点？

8-9　什么是速度控制回路，常见的速度控制回路有哪几种？

8-10　什么是节流调速回路，常见的节流调速回路有哪几种，各有什么特点？

8-11　进油节流调速回路、回油节流调速回路和旁路节流调速回路有什么异同点？

8-12　什么是容积调速回路，常见的容积调速回路有哪几种，各有什么特点？

8-13　容积调速回路与节流调速回路相比有什么特点？

8-14　什么是速度换接回路，常见的速度换接回路有哪几种？

8-15　采用双液控单向阀对油缸进行锁紧时，其换向阀采用何种滑阀机能，为什么？

8-16　说明图8-43中的液压系统由哪些基本回路组成，并指出实现各种回路功能的液压元件名称。

8-17 说明图 8-44 中的液压系统由哪些基本回路组成,并指出实现各回路功能的液压元件的名称。

8-18 指出图 8-45 中的液压系统由哪些基本回路组成,说明液压缸 A 往返行程中的油路走向。

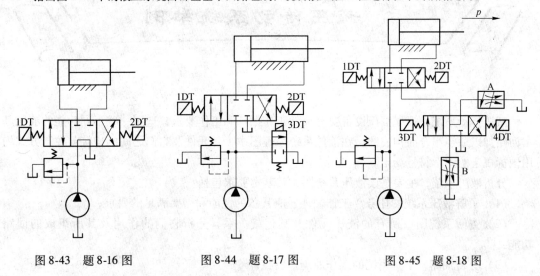

图 8-43 题 8-16 图　　　图 8-44 题 8-17 图　　　图 8-45 题 8-18 图

9 液压传动系统举例

　　液压传动系统是根据液压设备要完成的工作循环和工作要求，选用一些不同功能的液压基本回路加以适当组合而构成的。在液压系统原理图中，各元件及它们之间的连接与控制方式均用国标规定的图形符号绘出。

　　分析液压系统，主要是读液压系统图，其基本要求包括：

　　(1) 了解液压系统的任务、工作循环、应具备的性能和需要满足的要求；

　　(2) 查阅系统图中所有的液压元件及其连接关系，分析它们的作用及其所组成的回路功能；

　　(3) 分析油路，了解系统的工作原理及特点。

　　本章根据冶金机械、矿山机械专业的需要，选列了400轧管机组液压系统、高炉料钟启闭机构液压系统、电弧炼钢炉液压系统和 QY-8 型液压起重机液压系统等八个典型液压系统实例。通过学习和分析，加深理解液压元件的功用和基本回路的合理组合，熟悉阅读液压系统图的基本方法，为分析和设计液压传动系统奠定必要的基础。

9.1　QY-8 型液压起重机液压传动系统

9.1.1　起重机的用途与机械原理

　　QY-8 型液压起重机是全回转动臂式汽车起重机。它由上车部分的起升机构、回转机构、变幅机构、臂架伸缩机构和下车的前后支腿机构所组成。各机构的位置如图 9-1 所示，它主要用于室外装卸及安装时起升重物，适用于工矿企业、建筑工地、港口码头和货场等工作。起重机的外形如图 9-1 所示，全长为 9360mm，宽为 3600mm，高为 3090mm，全车总重 13.5t。最大起升高度为 13m，最大变幅 10m，最大起重量 8t，最高车速为 60km/h。起重机各机构均采用液压传动。

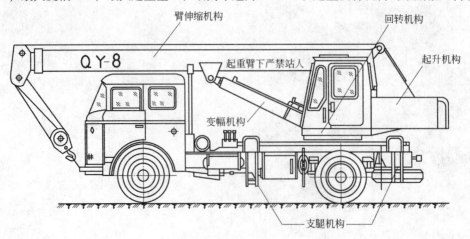

图 9-1　QY-8 型汽车起重机外形结构图

液压起重机的工作循环一般为：支腿放下→回转→变幅臂升起→吊臂伸出→起升重物→回转→降落重物→吊臂缩回→变幅落臂→收支腿。有时车需间隔移动。

QY-8 型液压起重机的液压系统只用一台轴向柱塞泵供油。液压泵由汽车柴油机带动直接从油箱中吸油。排出的油可以进入上车回路，也可以进入下车回路，由二位三通手动换向阀控制。

四个支腿（分前支腿和后支腿）分别由四个双作用液压缸驱动，安装在车身两侧。工作时活塞伸出使汽车轮离开地面，承受起重机整个重量。支腿液压缸的缸底上装有双向液压锁，以保证支腿的锁紧性。

吊臂伸缩机构安装在车的上部。吊臂为两节伸缩式，由一个双作用液压缸带动，可按需要伸出或缩回。

变幅机构是由两个双作用变幅液压缸支撑吊臂，使臂升起和落下。它安装在臂架与回转台之间。当压力油进入变幅缸内，活塞将伸出，吊臂升起以增加起升高度。

回转机构是由轴向柱塞马达通过摆线针轮减速器减速，并通过小齿轮与内齿圈啮合，由于内齿圈固定在下车架上，所以传动机构和旋转台一起旋转。当压力油通入液压马达时，可使小齿轮带动转台顺时针或反时针回转360°。最大转速为 2.5r/min。

起升机构是完成起升或下降重物的机构。它固定在转台后架上。由轴向柱塞马达通过二级齿轮减速箱带动卷筒转动，它的最大起升速度为 8m/min。减速箱高速轴的制动是由液压缸驱动的。当马达开始工作时（起升机构开始工作），系统的压力油同时进入制动液压缸，推动活塞压缩弹簧使抱闸松开。当马达不工作时（起升机构停止工作），制动液压缸将在弹簧力的作用下使马达制动。

9.1.2 QY-8 型起重机液压传动系统

9.1.2.1 液压系统各机构回路分析

起重机的支腿、吊臂、变幅、回转和起升机构均采用液压传动和操纵。图9-2 为液压传动系统原理图。轴向柱塞泵3 从油箱1 经滤油器2 吸入液压油，通过二位三通换向阀5-1 把油路分成两路。一路是二位三通换向阀5-1 经左位接入系统，压力油流入支腿操纵阀5-2 和5-3 的

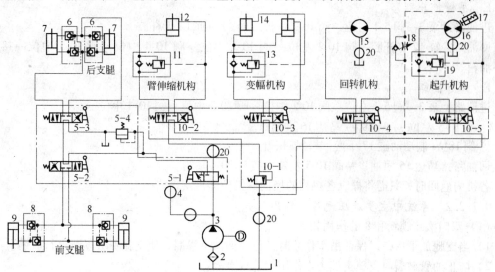

图9-2 QY-8 型汽车起重机液压传动系统图

中位，其压力由溢流阀5-4调定。操纵阀5-2或5-3可使支腿伸出或缩回。当支腿操纵阀5-2和5-3同时处于不工作的中位时，压力油直接回油箱。实现液压泵卸荷。另一路是二位三通换向阀5-1处于图示位置时，压力油通过中心回转接头20进入各机构系统的换向阀。其压力由溢流阀10-1调定。操纵各机构换向阀就可以实现伸缩、变幅、回转和起升动作。当各换向阀处于不工作的中间位置时，压力油直接经中心回转接头20流回油箱。各机构液压回路工作原理分述如下。

A　液压泵卸荷回路

泵3→阀5-1左位→阀5-2中位→阀5-3中位→油箱。

泵3→阀5-1右位→接头20→阀10-2中位→阀10-3中位→阀10-4中位→阀10-5中位→接头20→油箱。

B　稳定支腿回路

（1）后支腿放下回路。

进油路：泵3→阀5-1左位→阀5-2中位→阀5-3左位→阀6→缸7无杆腔。

回油路：缸7有杆腔→阀6→阀5-3左位→油箱。

（2）前支腿放下回路。

进油路：泵3→阀5-1左位→阀5-2左位→阀8→缸9无杆腔。

回油路：缸9有杆腔→阀8→阀5-2左位→阀5-3中位→油箱。

当作业完毕后，先收缩前支腿，再收缩后支腿。只要将换向阀5-2和5-3进行换向，即可实现收缩支腿的动作。

C　回转回路

进油路：泵3→阀5-1右位→接头20→阀10-2中位→阀10-3中位→阀10-4左位→马达15进油口。

回油路：马达15回油口→阀10-4左位→阀10-5中位→接头20→油箱。

D　变幅起升回路

进油路：泵3→阀5-1右位→阀10-2中位→阀10-3左位→阀13→缸14无杆腔。

回油路：缸14有杆腔→阀10-3左位→阀10-4中位→阀10-5中位→接头20→油箱。

E　吊臂伸出回路

进油路：泵3→阀5-1右位→阀10-2左位→阀11→缸12无杆腔。

回油路：缸12有杆腔→阀10-2左位→阀10-3中位→阀10-4中位→阀10-5中位→接头20→油箱。

F　起升回路

进油路：泵3→阀5-1右位→阀10-2中位→阀10-3中位→阀10-4中位→

　　　　阀10-5左位→阀19→马达16进油口。

　　　　阀18→制动油缸17下腔。制动器松开。

回油路：马达16回油口→阀10-5左位→接头20→油箱。

各机构返回时，只需将操纵各机构的换向阀换位即可实现。

9.1.2.2　系统中主要液压元件的作用

（1）双向液压锁6和8的作用如下：

1）当支腿放下后，以保证吊车作业时工作腔油液不渗漏，使支腿不会逐渐自行收缩。

2）防止油管破裂时支腿突然失去作用而造成事故。

3）防止起重机行驶或停放时支腿自动下落。

（2）起升制动液压缸 17 的作用。保证起升马达转动松开，停止制动，使起升工作安全可靠。

（3）单向阻尼阀 18 的作用。控制制动液压缸的动作速度，使制动缸缓开快闭。

（4）平衡阀 19 的作用如下：

1）在重物下降时起限速作用。

2）与三位四通 K 型换向阀配合起平衡作用，防止制动器失灵，重物自由下落，造成意外人身事故。

（5）平衡阀 11 和 13 的作用。限制臂架伸缩缸和变幅缸的降落速度及平衡作用。

9.1.2.3 液压系统回路的特点

（1）上车与下车工作机构用二位三通阀控制。当支腿下放时，上车所有机构均不能工作。当上车各机构工作时，支腿将不动。这样保证了各机构工作安全可靠，不会发生互相干扰而出现意外事故。

（2）限速机能。当液压马达 16 降落重物时，来自泵的油液经阀 10-5 右位进入马达和阀 19 的控制油路。由于马达回油路有平衡阀而产生背压使进油压力升高，当进油压力升高到阀 19 的调定值时，平衡阀开启，马达得以回油而转动，重物降落。若重物下降速度过快，以致泵来不及供油时，进油路压力立刻下降，阀 19 趋于关闭，增大回油节流效果，减慢重物下降速度。从而限制因重物的重力作用而加速转动的速度，保证了重物下降速度的稳定。

（3）补油作用。手动换向阀 10-5 的中位具有使马达 16 的右侧油路与系统回油路接通的机能。在重物下落制动过程中，马达由于重物惯性作用会造成进油路吸空，当换向阀 10-5 处在中位时，液压马达能靠自吸能力从油箱中补油。

（4）制动性能。在起升马达起升重物时，进入制动器液压缸 17 的压力油需经过单向阻尼阀 18 中的阻尼孔，就使制动器的松闸时间略滞后于马达的启动时间，可避免悬挂于空中的重物启动时产生失去控制的"溜钩"现象。当马达在运动状态下制动时，制动器液压缸 17 中的油液在弹簧推力的作用下立即通过单向阻尼阀 18 中的单向阀返回油箱，因而在马达油路切断的同时立即制动，使重物安全、可靠、准确地停留在指定位置上。

（5）为了避免其他机构工作引起制动松闸，起升回路只能置于串联油路的最后一级。

9.1.3 起重机液压系统常见故障及其排除

9.1.3.1 液压系统维护保养注意事项

（1）保持清洁，系统应尽量减少拆装，以免损坏元件或渗入污物，在必须检修和拆卸时，应在清洁的室内进行，严格保持元件的清洁。

（2）因检修需拆卸元件或管路时，应先了解其结构原理，记住拆卸零件的数量及安装位置，防止划伤弄脏。对阀杆、阀芯、阀体、阀套、密封件等必须特别保护，有划伤、缺口不得再用。装配前将零件用煤油洗净吹干，涂上液压油，再按原位装好。

（3）应经常检查各软管，发现有明显损伤应及时更换。

（4）当起重机半年以内不使用时，将各机构缩到最短位置。轮胎按规定打足气压，车架用木块垫起，每周将起重机各机构全部活动一次，然后继续封存保管。

9.1.3.2 常见故障与排除方法

（1）液压系统噪声较大并且振动。原因是系统中存有空气。排除方法：打开排气阀，使各机构多次往复动作，将空气排出。

（2）支腿收放失灵。原因如下：

1）双向液压锁失灵。应检查液压锁并排除故障。

2）油压过低。应调整溢流阀 5-4 的开启压力。

3）油管堵塞。应检修油管。

（3）吊重时支腿自行收缩。原因如下：

1）双向液压锁中的单向阀密封性不好。

2）油缸内部漏油。检查液压锁中单向阀和缸中活塞上的密封元件，若有损伤应拆卸、清洗、更换和调整。

（4）吊臂伸缩时压力过高或有振动现象。原因如下：

1）平衡阀阻尼孔堵塞。应清洗和检修平衡阀。

2）固定部分与活动部分摩擦力过大或有异物堵阻。应拆卸、清洗和检修。

（5）变幅、落臂时压力过高或有振动现象。原因如下：

1）缸内有空气。应空载多起落几次，进行排气补油。

2）平衡阀阻尼孔堵死。应清洗检修平衡阀。

（6）回转时车体倾斜。原因是支腿液压缸内有空气或泄漏。应检查进行排气或更换密封件、消除泄漏。

（7）回转不灵。原因是马达有故障。应检查更换有关零件或马达，并进行调整，使回转机构恢复正常工作。

（8）吊钩上不去。原因是溢流阀调定压力低或液压马达有故障。应将压力调高（但不得超过规定值）或更换马达。吊钩下不来的原因是平衡阀动作不正常。应检查、清洗检修或更换新阀。

（9）吊重停留时，重物缓缓下降。原因是制动器制动力不够。应检修制动闸瓦，使闸瓦与制动轮接触面积不少于70%。

（10）压力表针不动。原因是减摆器失灵或进油路堵塞。应根据具体情况进行拆卸、清洗、检修和调整。

9.2　高炉料钟启闭机构液压传动系统

9.2.1　高炉料钟启闭机构的概况及生产工艺

某 $550m^3$ 高炉炉顶装料设备的基本结构如图 9-3 所示。大钟挂在托梁上，大钟的载荷由托梁两端的拉杆承受。每一拉杆由两个柱塞缸传动。由于大钟液压缸大部分装在煤气封罩内，温度很高，此液压缸采用水冷结构，如图 9-4 所示。

装料设备还包括两个 $\phi250$ 均压阀和两个 $\phi400$ 放散阀，都由活塞缸传动。由活塞缸通过钢绳将阀打开，靠阀盖自重关闭。

装料时，炉料由料车卸进马基式布料器内，布料器和漏斗一起旋转一定角度后停下，小钟下

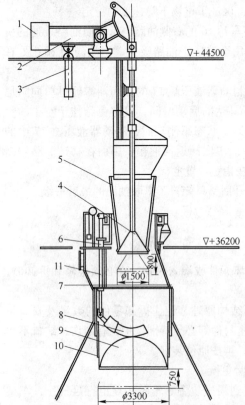

图 9-3　550m³ 高炉料钟设备结构示意图
1—平衡重；2—小钟杆；3—小钟液压缸；4—小钟；
5—马基式布料器；6—大钟液压缸；7—煤气封罩；
8—托梁；9—大钟；10—大钟漏斗；11—拉杆

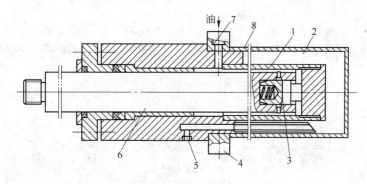

图 9-4 大钟柱塞缸水冷及缓冲结构
1—缸体；2—冷却水套；3—缓冲头；4—摆动轴；5—冷却水入口；
6—柱塞；7—油入口；8—冷却水出口

降，炉料卸进大钟漏斗，小钟随即关闭。大钟漏斗内炉料达到一定数量后，大钟下降，炉料卸进高炉，大钟关闭。在开大钟时，由于炉喉内煤气有压力，大钟上下的压力差阻碍大钟的下降。为此，在大钟打开前，必须先开均压阀，向大小钟之间充以压力煤气，以消除压力差。同理，在开启小钟之前，必须先开放散阀，放掉大小钟间的压力煤气，以消除作用于小钟上的压力差。

料车每卸料一次，小钟动作一次。在正常运行时，小钟和放散阀每动作四次，大钟和均压阀各动作一次，形成一个工作周期。当高炉内炉料面低于允许范围时，要求及早恢复正常的高度，就得提前加料，这叫赶料线运行。此时，要求小钟和放散阀每动作两次，大钟和均压阀各动作一次，组成一个工作周期。

高炉料钟启闭机构对液压系统的工艺要求，是由高炉生产能力和生产工艺决定的，必须得到满足。高炉生产有如下具体工艺要求：

（1）小料钟必须能承受漏斗中的最大料重。液压系统必须能满足最紧张的赶料线周期的要求。

（2）必须保证在加入炉料后，料钟与漏斗口之间不漏气，要求料钟对漏斗口保持一定的压紧力。

（3）由于在大钟漏斗中有煤气，有时会因进入空气而发生煤气爆炸。所以必须采取适当措施，使大钟拉杆等有关部件不致因爆炸而超载损坏。

（4）为减少大钟启闭时的冲击，要求在其行程的起点和终点减速。

（5）当料钟采用多缸传动时，为避免拉杆或柱塞杆与各自的导向套因倾斜而卡住，要求各油缸的同步精度不低于4%。

（6）均压阀、放散阀和大小料钟启闭时间的配合必须得到可靠保证。

9.2.2　550m³ 高炉料钟启闭机构液压系统工作原理

图 9-5 为 550m³ 高炉料钟启闭机构液压系统原理图。关于系统的回路组成及其特点分别叙述如下：

（1）同步回路。大钟由四个柱塞缸驱动，为使各液压缸运动同步，采用分流集流阀 1 的同步回路。在料钟启闭系统中，液压缸速度的同步误差取决于拉杆或柱塞与导向套的间隙，一般允许的同步误差范围在4%左右。同时还要求料钟在上升的终点能严密关闭。虽然所选用的换向式分流集流阀在其一个出口流量为零时，另一出口也将关闭，但对柱塞缸而言，工作行程

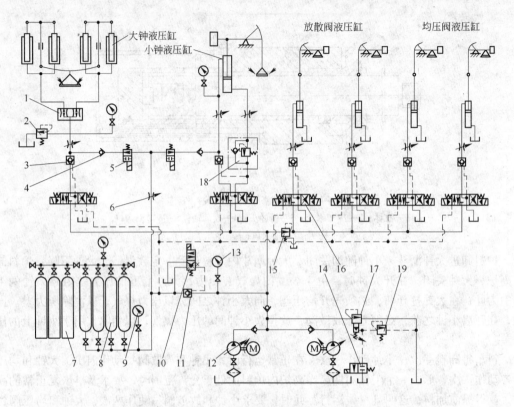

图 9-5　550m³ 高炉料钟启闭机构液压系统原理图

1—分流阀；2, 17—溢流阀；3, 11—液控单向阀；4—单向阀；5, 14—二位二通电磁阀；6—节流阀；
7—氮气瓶；8—蓄能器；9—压力表；10—二位四通电磁换向阀；12—液压泵；13—电接点压力表；
15—减压阀；16—三位四通电磁换向阀；18—单向顺序阀；19—远程调压阀

小于极限行程，当柱塞到达工作行程终点时，仍允许继续前进，液压缸流量（即分流集流阀出口的流量）不会为零。只有当料钟关严后，流量才能为零，故换向式分流集流阀的这一特点对于料钟的动作没有影响。

（2）换向阀锁紧回路。为使各液压缸在不操作时保持活塞位置不变，采用三位四通换向阀 16 和液控单向阀 3 组成换向阀锁紧回路，换向阀采用 Y 型阀芯，与电磁阀 10 相配合。当电磁阀 16 处于中位时，电磁阀 14 通电，液压泵卸荷，电磁阀 10 断电，蓄能器与主油路切断，使电磁阀 16 的阀芯处于无压状态。这样，所有的液压缸全不工作时，压力油几乎没有泄漏，保证活塞位置不变，而且工作可靠。

（3）补油回路。在大钟关闭后，由液控单向阀 3 锁紧，当料钟上增加炉料后，由于负载增加，液压缸与液控单向阀之间的油压将增加，油液的压缩将使料钟有所下降，影响了漏斗与料钟密合程度。为确保料钟对漏斗的压紧力，并补充液压缸的漏油，特设补压回路。即从蓄能器引出一条通径较小的管道，经过节流阀 6 和单向阀 4 接到大钟的液控单向阀 3 的出口，使液控单向阀与液压缸之间始终保持蓄能器的油压，将料钟压紧在漏斗口。

大小料钟均设有补压回路，为了避免料钟液压缸回油时与补压回路相干扰，在节流阀 6 与单向阀 4 之间再增设两个二位二通电磁换向阀 5。当某料钟关闭时，相应的电磁阀 5 断电，补压回路接通。料钟开启时，则电磁阀 5 通电而把蓄能器到液压缸的补油通路切断。

（4）防止因煤气爆炸引起过载的溢流阀安全回路。在大钟液压缸的管路上设有溢流阀 2，其调定的开启压力稍高于主溢流阀的调定压力。

（5）小钟液压缸的工作稳定性。为保证小钟对布料器的压紧力，平衡杆采用过平衡设计，由平衡重锤产生的平衡力矩使空钟关闭，过平衡力矩愈大，关闭时活塞下降的加速度愈大。当其下降速度超过液压站供油量所形成的速度时，液压缸上腔及相应的管道将产生负压，这是不允许的。但过平衡力矩仍必须保持一定的数量。为此，一方面应尽量减小过平衡力矩，另一方面在液压缸下腔的管道上设单向顺序阀 18，使小钟关闭时，回油路管道上有一定背压，使活塞稳定下降。

（6）液压缸的缓冲装置。为防止在料钟下降到极限位置时，柱塞撞击液压缸缸底，在柱塞的端部设有缓冲装置，如图 9-4 所示。图示位置表示复位弹簧压缩，柱塞位于行程终点。缓冲是通过三角沟槽和径向小孔实现的。

（7）蓄能器储能和调速回路。系统设置有 25L 气囊式蓄能器 8（4 个）和 40L 氮气瓶 7（3 个），通过液控单向阀 11 与系统主油路相连接。液压泵 12 可向蓄能器随时供油，而蓄能器必须在电磁阀 10 通电时，才能向系统供油。为降低启动、制动时机构惯性引起的冲击，在任一机构启动和制动时，电磁阀均断电，仅由液压泵供油，因此只能以较小的速度启动和制动。正常速度运行时，电磁阀通电，蓄能器和液压泵共同供油。

（8）分级调压及压力控制回路。料钟液压缸的工作压力为 12.5MPa，而均压阀和放散阀液压缸的工作油压为 6 MPa，故需要分两级调压。设有主溢流阀 17，其调定压力为 13.75MPa。远程调压阀 19 的调定压力为 15MPa。电磁阀 14 用以控制溢流阀 17 卸荷，电接点压力表 9 的调定压力为 12.5MPa 和 15MPa。电接点压力表 13 的调定压力为 8.5MPa 和 13.75MPa。这两个压力表主要用于系统的安全保护，动作情况如下：

当电磁阀 14 断电，液压泵向主油路供油，换向阀 16 就可工作。当主油路压力小于 12.5MPa 时，压力表 9 的低压接点闭合，液压泵 12 向系统和蓄能器 8 供油，当主油路压力大于 12.5MPa 时，压力表 9 的低压接点断开，使电磁阀通电，主溢流阀 17 卸荷，液压泵空载运转。若此时油压还继续上升到 13.75 MPa 时，压力表 13 的高压接点闭合报警，表明压力表或电磁铁失灵。同时，主溢流阀 17 打开。当油压再继续上升到 15MPa 时，压力表 9 的高压接点闭合，使电动机停止运转。此时表明溢流阀与油箱的通道未打开，或溢流阀 17 的先导阀失灵，则远程调压阀 19 动作，代替溢流阀 17 的先导阀，使溢流阀 17 溢流。当油压下降到 8.5MPa 以下时，压力表 13 的低压接点闭合，发出低压警报，表明系统有大量漏油现象，工作人员应及时检查，并排除故障。

为实现电动机空载启动，在电动机启动时，先使电磁阀 14 通电，溢流阀 17 卸荷。经延时继电器，待电动机达到额定转速后再使电磁阀 14 断电，这时液压泵 12 才开始向系统供油。

均压阀和放散阀油缸要求的油压为 6MPa，由调定压力为 6MPa 的减压阀 15 供给低压油。

（9）液压站设在炉顶平台或布料器房内，因离液压缸的距离很近，液压缸中的油液能回到油箱中冷却、过滤，故油管未采取任何降温措施。油箱内有蛇形管，通水冷却，采用网孔尺寸为 0.096mm 的铜网滤油器。在管道的最高处设有排气塞。

各液压缸动作的联锁由电气控制。各重要元件都设有备用回路。这在系统原理图上已有表示，不再赘述。

9.3 高炉用泥炮液压传动系统

9.3.1 泥炮的用途与工作原理

高炉在出铁完毕至下一次出铁之前，出铁口必须堵住。堵塞出铁口的办法是用泥炮将一种

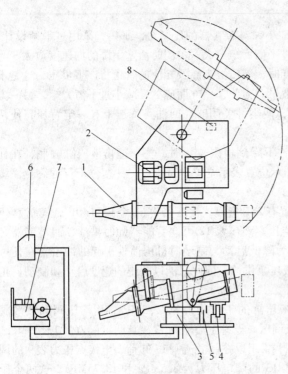

图 9-6　液压泥炮示意图

1—充填装置；2—保持装置；3—旋转装置；4—钩锁装置；
5—防热装置；6—控制台；7—液压站；8—润滑装置

特制的炮泥推入出铁口内，炉内高温将炮泥烧结固状而实现堵住出铁口的目的。下次出铁时再用开孔机将出铁口打开。

泥炮的类型有气动、电动和液压传动三种。目前广泛采用液压泥炮。日产万吨生铁的大型高炉（4063m³）有四个出铁口，各配有一台相同型号的液压泥炮。本节叙述该泥炮的液压传动系统。

液压泥炮主要由以下四部分组成，如图 9-6 所示。

（1）充填装置。充填装置的作用是将炮泥推入出铁口内。它的前部有喷嘴、炮筒和投泥口，后部是推泥缸。

（2）保持装置。保持装置的作用是使充填装置倾斜一定角度，将炮嘴对准出铁口并支持充填装置推泥，此动作也称为压炮。

（3）旋转装置。旋转装置的作用是将充填装置旋转到炉口前或退后到装泥、检修等的位置上。旋转装置是由一个带有减速器的液压马达驱动的。

（4）钩锁装置。在泥炮的支架上设有一个钩子，在基础上设有一个钩座。推泥时钩子可以自动地搭在钩座上，承受推泥时的反力矩。脱钩由液压缸驱动进行。

另外还有防热装置 5、控制台 6、液压站 7 和润滑装置 8 配套组成。

泥炮的有关参数如下：

使用次数	7 次／（台·日）
充填时间	40 ~ 60min
吐泥量	0.4m³
有效行程时吐泥量	0.3m³
泥推力	6000kN
推泥时间	83 ~ 95s

9.3.2　泥炮液压系统

泥炮液压系统是由三个液压缸和一个液压马达来完成各部分动作的，泥炮液压传动系统如图 9-7、图 9-8 所示。

9.3.2.1　主要参数

（1）工作压力：

充填系统	35MPa
保持系统	25MPa
旋转和钩锁系统	14MPa

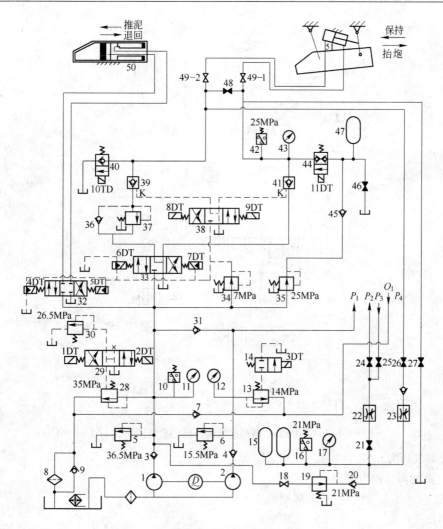

图 9-7　4063m³ 高炉泥炮液压传动系统图（1）

▷◁ 为常开截止阀；▶◀ 为常闭截止阀

（2）高压泵：

形式	柱塞式
额定压力	35MPa
额定流量	123dm³/min
电机功率	32kW

（3）低压泵：

形式	叶片式
额定压力	14MPa
额定流量	82dm³/min

（4）蓄能器（压炮用）：

形式	活塞式
最高使用压力	25MPa
容积	5dm³

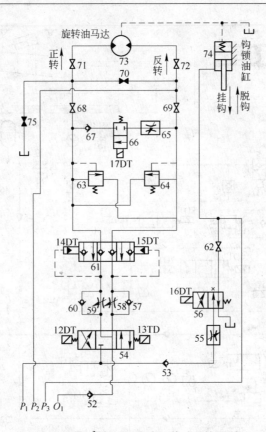

图 9-8 4063m³ 高炉泥炮液压传动系统图（2）

预充氮气压力　　　　　　13MPa

（5）蓄能器（停电时用）：

形式　　　　　　　　　　球胆型

最高使用压力　　　　　　21MPa

容积　　　　　　　　　　60dm³

预充氮气压力　　　　　　10MPa

（6）油箱容积：　　　　　1200dm³

（7）纯磷酸酯类型：　　　难燃型

（8）充填液压缸规格：　　ϕ470mm × ϕ320mm × 1195mm

（9）保持液压缸规格：　　ϕ250mm × ϕ160mm × 480mm

（10）液压马达规格：

排量　　　　　　　　　　72.6dm³

扭矩　　　　　　　　　　2550N · m（14MPa 时）

（11）钩锁装置液压缸规格：ϕ50mm × ϕ22.4mm × 150mm

9.3.2.2 液压系统工作原理

在液压站设有两套液压装置，出现故障时可替换进行工作。由图 9-7、图 9-8 可知：系统由一台高压泵和一台低压泵供油。高压泵为充填和保持装置供油。操作电磁换向阀 29 可使系统实现二级调压（35MPa 和 26.5MPa）或卸荷。低压泵为旋转和钩锁装置供油，当系统压力达14MPa 时，压力继电器可使泵卸荷。蓄能器 15 能保证保持、旋转和钩锁装置完成一次全行程动作。蓄能器 47 的作用是使保持装置保持强大的保持力。安全阀 63、64 兼起抵消由于紧急制动而产生的冲击。开始正转时电磁换向阀 66 的电磁铁处于断电状态,正转完毕电磁铁通电起分流作用。打开截止阀 48、70 可人力推动旋转装置和保持装置强行启动。当炮嘴压住出铁口时,若停电,可把二位换向阀 40、44 手动推入并锁紧使其继续工作。当充填装置推泥停电时,可手动操作电液换向阀 32 使其推泥动作继续进行。停电时打开截止阀 26、27 可使保持装置上升;打开截止阀 21、25 可使钩锁装置脱钩;打开截止阀 21、24、75 可使旋转装置动作。

下面介绍各部分动作时的油路情况。

A 充填液压缸工作过程

(1) 压泥时使电磁铁 1YA 和 4YA 通电,其主油路为:

进油:泵 1→单向阀 3→电液换向阀 32 左位→缸 50 左腔,使活塞左移。

回油:缸 50 右腔→电液换向阀 32 左位→油箱。

(2) 退回时,使电磁铁 1YA、5YA 通电,其主油路为:

进油:泵 1→单向阀 3→电液换向阀 32 右位→缸 50 右腔,使活塞右移。

回油:缸 50 左腔→电液换向阀 32 右位→油箱。

B 保持液压缸工作过程

(1) 保持时,使 7YA 和 9YA 通电,此时控制压力油经减压阀 34→电磁换向阀 38→液控单向阀 39K 口将单向阀打开。其主油路为:

进油:泵 1→单向阀 3→电液换向阀 33 右位→液控单向阀 41→截止阀 49-1→缸 51 右腔,使活塞左移。

回油:缸 51 左腔→截止阀 49-2→液控单向阀 39→顺序阀 37→电液换向阀 33 右位→油箱。

(2) 抬炮时,使 6YA 和 8YA 通电,此时控制压力油将液控单向阀 41 打开。其主油路为:

进油:泵 1→单向阀 3→电液换向阀 33 左位→单向阀 36→液控单向阀 39→截止阀 49-2→缸 51 左腔,使活塞右移。

回油:缸 51 右腔→截止阀 49-1→液控单向阀 41→电磁换向阀 33 左位→油箱。

C 旋转装置液压马达工作过程

(1) 正转时,使 13YA 和 14YA 通电,其主油路为:

进油:泵 2→单向阀 4→电磁换向阀 54 右位→单向阀 60→液控换向阀 61 左位→截止阀 68、71→液压马达左腔。

回油:液压马达右腔→截止阀 72、69→液控换向阀 61 左位→节流阀 58→电磁换向阀 54 右位→单向阀 52、7→滤油器 8→油箱。

(2) 反转时,使 12YA 和 15YA 通电。其主油路为:

进油:泵 2→单向阀 4→电磁换向阀 54 左位→单向阀 57→液控换向阀 61 右位→截止阀 69、72→液压马达 73 右腔。

回油:液压马达 73 左腔→截止阀 71、68→液控换向阀 61 右位→节流阀 59→电磁换向阀 54 左位→单向阀 52、7→滤油器 8→油箱。

D 钩锁装置液压缸工作过程

(1) 脱钩时,使 16YA 通电。其主油路为:

进油:泵 2→单向阀 4、53→节流阀 55→电磁换向阀 56 左位→截止阀 62→缸 74 下腔,使活塞上移。

(2) 搭钩时,使 16YA 断电,弹簧力使其活塞下移。

回油:缸 74 下控→截止阀 62→电磁换向阀 56 右位→油箱。

9.3.3　液压系统常见故障及其排除

9.3.3.1　工作油的维护使用

A　工作油的性质

泥炮液压系统采用纯三磷酸酯作为工作油。这种油不易燃烧，即使燃烧也能立即扑灭，不会发生大火灾。但对一般矿物油液压系统中使用的零件、材料不能适用，它对非金属材料的影响尤为显著。一般矿物油用的密封圈、垫圈和涂料用于本工作液压系统中，在短时间内会膨胀、变形和溶解。此油具有毒性，使用时要特别注意对皮肤和眼睛的危害。

B　工作油的检验

每6个月对工作油进行一次检验。检验工作油应从油箱、油管途中和执行装置三个部位取样，以确定部分更换或全部更换工作油。

C　工作油的使用

（1）注油时必须经滤油器向油箱注油。

（2）排除的回收油必须经制造厂净化后才可使用。

（3）油箱要经常保持正常油位，防止液压泵把空气吸入到系统中引起工作油的劣化和其他故障。

（4）泥炮长期不使用时，为防止工作油在管内滞留时间过长，应每3个月使其工作油在管内强行循环一次。

9.3.3.2　液压系统常见故障及其排除

为了尽早发现故障，应首先对以下项目进行初步检查和处理：

（1）泥炮液压系统是否按操作规程进行。

（2）电动机旋转方向是否正常。

（3）液压泵工作是否正常。

（4）油箱油量是否适当。

（5）截止阀开闭是否正确。

（6）油路是否有泄漏。

9.4　20t电弧炼钢炉液压传动系统

电弧炼钢炉（以下简称电炉），长期以来一直使用机械传动，近年来逐渐以液压传动取代机械传动，使整个电炉的各机构更为紧凑、简单，而且使用、维修也更为方便。

9.4.1　电弧炼钢炉概况及生产工艺

电炉的结构形式很多，这里仅以某厂的20t电炉为例介绍其液压传动系统。

此电炉本身由炉体和炉盖组成。炉体前有炉门，后有出钢槽，以废钢为主要原料。装炉料时，必须将炉盖移走，炉料从炉身上方装入炉内，然后盖上炉盖，插入电极就可开始熔炼。在熔炼过程中，铁合金等原料从炉门加入。出渣时，将炉体向炉门方向倾斜约12°，使炉渣从炉门溢出，流到炉体下的渣罐中。当炉内的钢水成分和温度合格后，就可打开出钢口，将炉体向出钢口方向倾斜约45°，使钢水自出钢槽流入钢水包。

20t电炉由电极升降机构、炉盖提升机构、炉盖旋转机构、炉体倾动机构、炉门提升机构及电极支持器（气动）等组成。

图9-9为电极升降、炉盖提升、炉盖旋转和炉门提升机构示意图。电极1的升降机构由电

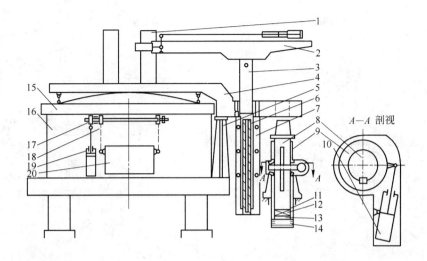

图 9-9 20t 电炉的电极升降、炉盖提升、炉盖旋转和炉门提升机构示意图

极支臂 2、立柱 3、液压缸 6、立柱导架 7 等组成。炉盖 15 的提升机构由炉盖吊架 4（5 是吊架支撑）和提升缸 11 组成，当活塞 14 的下腔进入压力油时，其活塞杆 13 通过止推轴承 12 推动主轴 8 上升将炉盖吊架顶起以提升炉盖。活塞杆 13 可在曲柄环 9 中滑动升降。炉盖旋转机构由活塞缸 10、曲柄环 9 和主轴 8 组成，主轴与曲柄环以键连接共同旋转。此旋转机构必须在炉盖及电极都提升到离开炉体 16 后，方能投入工作。炉门提升机构由炉门 20、活塞缸 19、链轮 17 及链条 18 等组成。炉体倾动机构见图 9-10。它是由炉体 1、摇架 2、两个柱塞缸 4 组成，3 是平台。

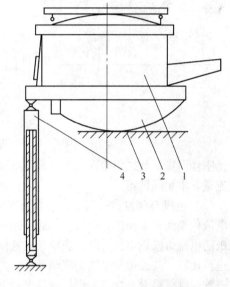

图 9-10 20t 电炉炉体倾动机构

9.4.2 生产工艺对液压传动系统的要求

（1）要求电极升降机构的立柱可作长行程移动，以便电极从炉体中抛出，为此要求柱塞缸有较大的流量。另外，柱塞缸还应能作微量移动，以便电极和废钢（或钢水）保持一定距离，由此来维持炼钢电流的稳定，即电极的升降随电流的变化而自动微调。电流过大时电极上升，电流过小时电极下降。当自动控制系统发生故障时，也可用手动操作。

（2）要求各机构连锁动作。电极和炉盖提升到极限高度后，才允许炉盖旋转。电极升降、炉盖提升和炉体倾动各机构均为柱塞缸，在其到达行程终点时，必须能自动停止。

9.4.3 液压系统工作原理

电炉液压传动系统原理如图 9-11 所示。它属于多缸操作回路，现分析如下：

（1）炉盖提升缸、炉盖旋转缸及炉门提升缸均采用三位四通 O 型阀芯换向阀 1 的换向操作回路。没有其他要求，也不同时操作。

（2）炉体倾动缸有两个，要求同步操作。但由于摇架是一个整体，而且质量很大，实际

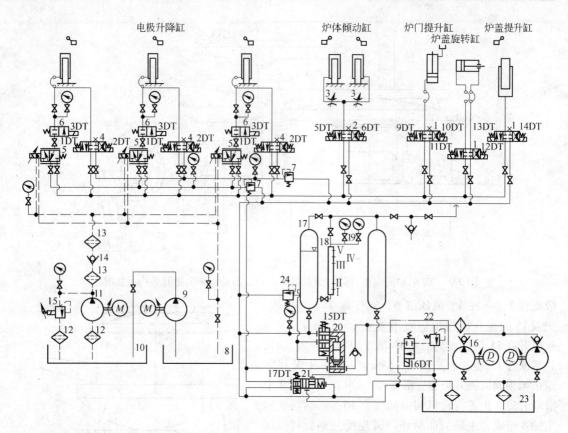

图 9-11　20t 电炉液压传动系统原理图

上是刚性同步，故采用换向阀 2 和两个节流阀 3 即可。在安装后，对两个节流阀作适当调节，使流量基本相同即可。

（3）电极升降缸共有三个，各自有相同的独立回路，是由手动电液换向阀 4 操作，还是由电液伺服阀 5 来操作，由二位二通电磁阀 6 进行选择。当使用电磁换向阀时，由工人根据各电极的电流值操纵电极升降；当使用电液伺服阀时，从电极电流取出信号（感应电压）与给定值进行比较，其差值使电液伺服阀动作。当电极电流值大于给定值时，电液伺服阀使电极升降缸进油，电极提升，反之，则排油使电极下降。当电极升降缸下降排油时，要求动作平稳，故在电磁换向阀和电液伺服阀的回油管路上设有溢流阀 7，使回油具有一定的背压，以保证液压缸下降稳定。

（4）以上各液压缸所用工作介质均为乳化液，以防止漏油燃烧。而电极升降缸的电液伺服阀的控制油路所用工作介质则为矿物油。

（5）电液伺服阀的控制油路有两个开式油箱。低位油箱 8 专门收集回油，用齿轮泵 9 将油输送到控制油箱 10。控制液压泵 11 是叶片泵，经过吸油粗滤油器 12 和两级排油精滤油器 13 以及单向阀 14 将低压油送到电液伺服阀的控制级。控制油压由溢流阀 15 调定。

（6）液压站主要由叶片泵 16 供油，一台工作另一台备用，同时由蓄能器 17 辅助供油。主油路压力取决于电磁溢流阀 22。

（7）蓄能器 17 是 $3m^3$ 的气液直接接触式蓄能器，其工作情况由液位控制系统操纵。同时还有两个电接点压力表 19 作极限液位的报警和安全保护。液位控制系统由光电管式液位控制器 18、最低液位阀 20、循环阀 21 和电磁溢流阀 22 等组成。

上述元件中后三者为非标准元件，现简述如下：

最低液位阀 20 由电磁二位三通先导阀和主阀组成，其结构原理如图 9-11 所示。当电磁铁 15YA 通电时，压力油经先导阀进入主阀上腔，使阀芯下降，将蓄能器与主油路切断。当主油路压力高于蓄能器压力时，阀芯下部总压力大于上部总压力，阀芯上升，主油路压力油进入蓄能器，此时，阀芯如同单向阀。15YA 断电时，阀芯上腔没有油压，阀芯必然上升，蓄能器与主油路全通，此时，主阀如同三通接头。

循环阀 21 由电磁二位三通先导阀与主阀组成。当电磁铁 17YA 通电时，先导阀使主阀左侧与回油管相接，右侧的弹簧将主阀向左推，主阀的主油管与回油管相接。使主油路卸荷。当 17YA 断电时，则主油路与回油路断开。

电磁溢流阀 22 实际上就是溢流阀和电磁阀的组合体，系统原理图中也以组合体符号表示，这里不作叙述。

液位控制系统的工作情况如下：液位控制器 18 共有 5 个光电管，设于 5 个不同位置。液位到达该位置时，此光电管就发出信号。在正常情况下，液位处于位置Ⅲ和位置Ⅳ之间，此时 15YA、16YA、17YA 均处于断电状态，电磁溢流阀 22 不卸荷，循环阀 21 关闭，蓄能器可充油也可与液压泵同时供油。

当液位升高，超过位置Ⅳ时，17YA 通电，循环阀 21 开启，15YA，16YA 仍然断电。此时液压泵排出的压力油经循环阀回油箱。主油路由蓄能器供油。

当液位继续升高，达到位置Ⅴ时，说明循环阀 21 失效，令 17YA 和 16YA 通电，15YA 仍断电，此时电磁溢流阀 22 和循环阀均处于卸荷状态由蓄能器供油，如液位仍继续上升，蓄能器油压达到安全阀 24 的调定压力时就由安全阀卸荷。

当液位由正常状态下降到位置Ⅱ和Ⅲ之间时，16YA 和 17YA 仍断电，而 15YA 通电，最低液位阀 20 关闭，蓄能器的压力如仍比主油路压力低，蓄能器停止向主油路供油，但可向蓄能器充油。

当液位继续下降，低于位置Ⅱ时，表明系统有大量泄漏油或油源有故障，应发出警报信号。当液位继续下降低于位置Ⅰ时，整个系统停止工作。

9.5　连铸机液压传动系统

9.5.1　连铸机的用途与机械工作原理

连铸机是一种高质、高效、低耗的铸锭设备。在国内外，冶金企业中发展和应用较快较广。连铸机的型号较多，本节只介绍板坯连铸机滑动水口液压传动系统。板坯连铸机工艺过程如图 9-12 所示。

板坯连铸机中的中间包是连铸生产线上的重要设备。滑动水口是安装在中间包底部用来控制钢液从中间包流到结晶器的流量。年产 400 万 t 板坯的大型连铸机的中间包底部装有两套液压滑动水口装置。液压滑动水口克服了塞棒操作时出现的断裂、熔融、变形、钢流关不住等故障。

滑动水口主要参数：

水口滑动行程	120mm
滑动速度	60mm/s
驱动方式	油缸直接驱动
驱动力	87.7kN

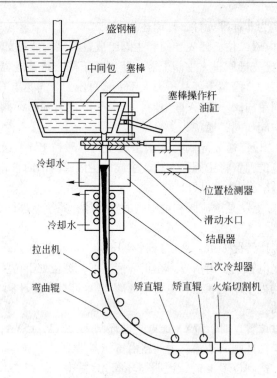

图 9-12　连铸工艺流程图

9.5.2　连铸机滑动水口液压传动系统

9.5.2.1　主要参数

（1）油泵：

形式	轴向柱塞泵 2 台（其中一台备用）
压力	14MPa
流量	75dm³/min

（2）油缸：

形式	双杆活塞式 1 台
规格	$\phi100mm \times \phi45mm \times 100mm$
工作压力	14MPa

（3）蓄能器：　　2 个

容量	50dm³
预充氮气压力	7~8MPa

（4）油箱：　　500dm³

（5）电动机功率：　　22kW，2 台（一台备用）

（6）位置检测器检测行程：120mm

（7）工作介质：

类型	脂肪酸脂
性能	黏度较高，有较好的防气蚀性能，最高温度界限 150~180℃。

9.5.2.2　液压系统工作原理

连铸机滑动水口液压系统由两台液压泵（其中一台备用）、蓄能器、滤油器、冷却器及阀组组成如图9-13所示。工程泵过载时可自动卸荷，同时备用泵自行启动向系统供油，换接过程由电气元件与电磁铁1YA、2YA互锁控制。当蓄能器压力低于10MPa时，操作者可手动启动备用液压泵向系统和蓄能器供油，常用液压泵一般不向蓄能器供油、处于卸荷状态。元件6、7是为防止卸荷时的振动设计的。油箱油量少于250L时所有液压泵均停转，但蓄能器可保证液压泵停转时尚能进行一次以上的滑动水口动作并使水口关闭。溢流阀的调定压力为15MPa。系统的回油均经滤油器32回油箱，滤油精度为25μm，滤油器污染堵塞时回油经单向阀30回油箱，单向阀开启压力为0.4MPa。当油温超过调定值时，温度检测器发出讯号使冷却器33工作，压力继电器有四个接点，其调定值如下：

（1）压力低于1MPa时，液压泵负载。

（2）压力高于14MPa时，液压泵卸荷。

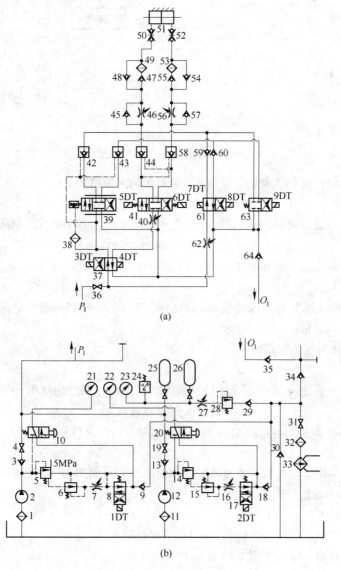

(a)

(b)

图9-13　滑动水口液压系统

（3）压力低于10MPa时，压力下降报警。

（4）压力低于9MPa时，压力最低报警。

本系统可以进行自动、手动和紧急状态三种操作方式。

A　自动控制

自动控制是利用液位检测信号和水口实际位置的位置检测信号与设定值相比较所产生的误差来控制滑动水口驱动液压缸动作，自动调节滑动水口开度的大小来调节钢液流量，实现自动控制。其工作流程如图9-14所示。

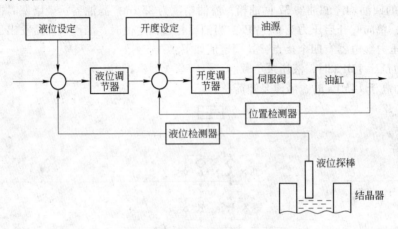

图9-14　滑动水口随动控制流程图

关闭节流阀62，使4YA通电。滑动水口开启时的主油路如下：

进油路：

压力油源 P_1→截止阀36→换向阀37右位→伺服阀39右位→液控单向阀43→节流阀56→

液控单向阀42、53K口。

单向阀54→快速接头52→液压缸51右腔，活塞左移，滑动水口开启。

回油路：

油缸左腔→快速接头50→滤油器49→单向阀47→单向阀45→液控单向阀42→伺服阀39右位→单向阀64→油箱。

滑动水口关闭时的主油路是：

进油路：

压力油源 P_1→截止阀36→换阀37→伺服阀39左位→液控单向阀42→节流阀46→

液控单向阀42、43K口。

单向阀48→快速接头50→液压缸51左腔，活塞右移，滑动水口关闭。

回油路：

液压缸右腔→快速接头52→滤油器53→单向阀55→单向阀57→液控单向阀43→伺服阀39左位→单向阀64→油箱。

B　手动控制

控制电磁铁3YA、5YA、6YA就可以进行手动控制。

滑动水口开启时，使3YA和6YA通电，主油路是：

进油路：

压力油源 P$_1$→截止阀 36→换向阀 37→节流阀 40→换向阀 41 右位→液控单向阀 58→节流

液控单向阀 44K 口

阀 56→单向阀 54→快速接头 52→液压缸 51 右腔，活塞左移，滑动水口开启。

回油路：

液压缸 51 左腔→快速接头 50→滤油器 49→单向阀 47→单向阀 45→液控单向阀 44→换向阀 41 右位→单向阀 64→油箱。

滑动水口关闭时 3YA 和 5YA 通电，主油路是：

进油路：

压力油源 P$_1$→截止阀 36→换向阀 37 左位→换向阀 41 左位→液控单向阀 44→节流阀 46→

液控单向阀 58K 口

单向阀 48→快速接头 50→液压缸 51 左腔。活塞右移，滑动水口关闭。

回油路：

液压缸 51 右腔→快速接头 52→滤油器 53→单向阀 55→单向阀 57→液控单向阀 58→换向阀 41 左位→单向阀 64→油箱。

C 紧急关闭滑动水口控制

正常情况下 8YA 通电，7YA 断电。当出现紧急情况时，可手动控制使 7YA 通电，8YA 断电。其主油路是：

进油路：

压力油源 P$_1$→截止阀 36→节流阀 62→换向阀 61 左位→单向阀 59→节流阀 46→单向阀 48→快速接头 50→液压缸左腔。活塞右移、滑动水口关闭。

回油路：

液压缸 51 右腔→快速接头 52→滤油器 53→单向阀 55→单向阀 57→单向阀 60→换向阀 61 左位→单向阀 64→油箱。

卸荷状态：

为检修或排除故障，可使系统卸压，使 7YA、9YA 通电即可，其主油路是：

压力油源 P$_1$→截止阀 36→节流阀 62→换向阀 61 左位→单向阀 59→换向阀 63 右位→单向阀 64→油箱。

9.5.3 连铸机滑动水口液压泵系统常见故障及其排除

9.5.3.1 伺服系统故障及其排除

如果说普通液压系统的故障 75% 是由于液压油污染造成，则伺服系统的故障 90% 是由于液压油的污染造成。液压油的污染会使阀芯缓慢甚至很快卡死，油中的颗粒物的冲击会使阀的控制边锐角增大，使其灵敏度下降，为此对伺服系统的液压油要进行严格的控制。滤油器的滤芯应 3~6 个月更换一次。

当伺服系统发生故障时，应首先检查排除电路故障和伺服阀以外各环节的故障。如确认是伺服阀有故障时，应首先检查清洗或更换滤芯。故障仍未排除可拆下伺服阀，但必须严格按照伺服阀检修规程进行检修，检修后的伺服阀应在试验台上调试合格并铅封，然后重新安装使用。

9.5.3.2 系统流量不足，压力升不起来

其原因大致有以下几点：

（1）液压泵输出流量不足。

（2）压力管道及接头处泄漏过大。

（3）溢流阀 5、14 或 28 调定压力过低。

（4）截止阀 4、36 呈关闭或半关闭状态。

（5）换向阀泄漏过大。

9.5.3.3　系统油温过高

其原因大致有以下几点：

（1）温度检测器调整不当，不能发出电信号。

（2）冷却器水闸门打不开或收不到打开闸门的指令。

（3）冷却器性能不良。

（4）进水水温过高。

（5）系统压力过高。

（6）工作油不合适。

9.5.3.4　不能手动控制

其原因大致如下：

（1）换向阀 37、41 的电磁铁线圈烧坏。

（2）换向阀 37、41 动作不良或被污物卡住。

（3）液控单向阀 44、58 动作不良或控制油口被堵塞。

（4）节流阀 40 处于关闭状态。

9.5.3.5　滑动水口不能紧急关闭

其原因大致有以下几点：

（1）换向阀 61 动作不良或电磁铁 7YA 线圈烧坏。

（2）节流阀 62 处于关闭状态。

（3）因电气线路故障使 7YA 不能通电换向。

9.6　小型钢坯步进式加热炉液压传动系统

9.6.1　设备传动简介

步进式加热炉用于加热小型初轧坯。加热炉炉床由固定梁和步进梁两部组成，如图 9-15 所示，步进梁由双重轮对的多轴框架支承，其外侧走轮（见 *A—A* 断面）由液压缸 13 驱动，可在倾斜轨道上滚动，使步进梁做上升或下降运动；其内侧托轮直接托住步进梁，而步进梁则由液压缸 12 带动，可在托轮上做水平前进或后退运动。通过 12、13 两缸的操作，使步进梁做矩形轨迹运动，如图 9-16 所示，各段运动的行程可以调节，操纵方式可以连续或手动操纵。同一液压油源供双排炉床的步进梁传动，可以同时或交替动作；并可逆向运动，作为倒空炉内钢坯之用。

工艺参数如下：

炉长　　　　　　　　　　　19m

炉内宽　　　　　　　　　　5.4m

钢坯断面　　　　　　　　　110mm × 110mm，130mm × 130mm

钢坯长度　　　　　　　　　2200 ~ 4400mm

步进梁行程　　　　　　　　50 ~ 300mm

步进梁动作最大周期　　　　18s（其中上升或下降 5.5s；前进或后退 3.5s）

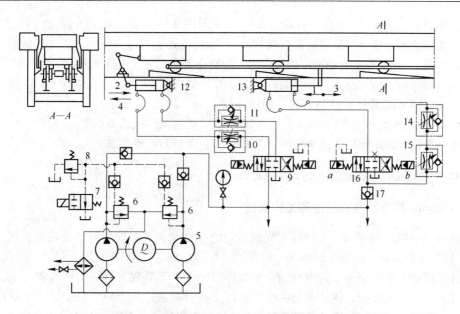

图 9-15　小型钢坯步进梁式加热炉液压传动系统图

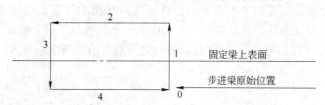

图 9-16　步进梁运动轨迹示意图

0—步进梁停止点；1—上升行程；2—前进行程；3—下降行程；4—返回行程

9.6.2　液压传动系统说明

9.6.2.1　系统参数

工作泵 5（两台）：

工作压力	7MPa
流量	153L/min
总传动功率	55kW
转速	950r/min
升降缸 13	$\phi225$mm × 750mm
行走缸 12	$\phi125$mm × 350mm
油箱容积	1m³

9.6.2.2　系统工作原理

加热炉共有两列炉床，每列炉床的液压操作回路相同，故在图 9-15 上仅绘出了一列炉床的液压操作回路。

系统压力由溢流阀 8 进行调节，并保持恒定，其溢出的油液经过冷却器冷却后，流入油箱。当电磁换向阀 7 断电处于右边阀位时，溢流阀 6 卸荷；当阀 7 接电处于左边阀位时，溢流阀 6 的溢流压力按工作压力的 2.5 倍调定。

在图 9-15 中升降缸 13 活塞杆的运动方向 1、3 与图 9-16 中步进梁的升降方向 1、3 相符。缸的工作油路为差动联结，当电液换向阀 16 的 *b* 端接电处于右边阀位时，活塞杆后退，步进梁上升；当阀 16 的 *a* 端接电处于左边阀位时，活塞杆差动前进，步进梁下降；当阀 16 两端断电处于中间阀位时，活塞杆（即步进梁）停止，并被单向阀 17 锁在停止位置上。活塞杆的运动速度，由可调节流阀 15、14 进行进、回油调节。

行走缸 12 活塞的运动方向 2、4 与图 9-16 中步进梁的水平运动方向 2、4 相符，由电液换向阀 9 进行操纵，其运动速度由单向可调节流阀 10、11 进行回油调节。

9.7　400mm 轧管机组液压传动系统

9.7.1　400mm 轧管机组的用途和工作原理

400mm 轧管机组可用来生产热轧无缝碳素钢管与合金钢管。轧管机允许轧制规格：钢管直径 $\phi(127 \sim 425)$ mm，壁厚 $4 \sim 40$ mm，钢管长度 $6 \sim 15.5$ m。

工作原理如图 9-17 所示。轧管机由一对工作辊（上、下轧辊）和一对回送辊（上、下回送辊）组成。工作开始时，顶杆液压缸推动顶杆支持器前进。装上顶头后退回，紧贴顶杆后座。同时斜楔液压缸迅速前进，当斜楔前进至工作辊上辊的轴承箱时，上轧辊压下与下辊配合成要求的孔型，然后将回送辊的下辊落下。这时穿孔机送出的管坯沿轧制中心送进，轧制开始。轧制结束后，取掉顶头，斜楔缸退回，上工作辊在平衡锤的作用下抬起。回送辊的下辊也抬起与上辊同时旋转（转向与工作辊反向），将轧完的钢管沿回送中心退出，翻转 90° 再轧。

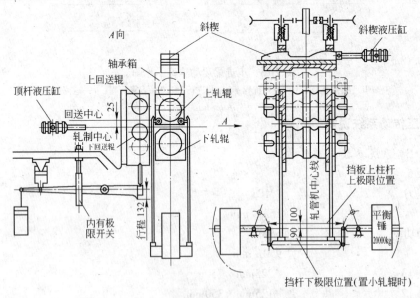

图 9-17　400mm 轧管机组示意图

顶杆支持器的工作位置调定后，固定不动，靠两个水平放置的柱塞缸来张紧。整个轧制工作过程柱塞缸都处于张紧状态。

9.7.2　400mm 轧管机组液压系统

9.7.2.1　主要参数

主泵 14 是定量双联叶片泵，额定压力为 7MPa，额定流量为 40dm³/min，转速为 1450r/min。

控制泵 34 是变量叶片泵，其系统工作压力为 2.5MPa，流量为 33.2dm³/min，转速为 1450r/min。

系统调定压力为 5MPa。

斜楔液压缸的规格是：$\phi 270/\phi 110mm \times 370mm$。斜楔拉杆的拉力移入时为 $2.07 \times 10^5 N$，移出时为 $1.6 \times 10^5 N$。液压缸的工作压力为 5MPa，斜楔送进的周期时间为 2s。

张紧液压缸的规格是：$\phi 170/\phi 160mm \times 300mm$。

顶杆液压缸的规格是：$\phi 150/\phi 90mm \times 2000mm$。

9.7.2.2　主要元件及其作用

三台主泵在工作中一台工作两台备用（图 9-18 中只表示了一台，即 2 号泵）。

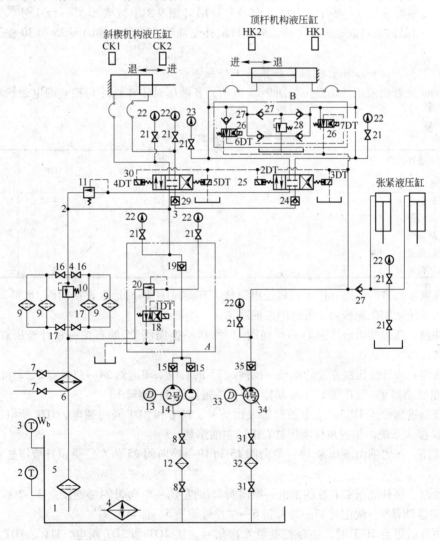

图 9-18　400mm 轧管机组液压传动系统图

单向阀 15 的作用是控制主泵向系统供油，防止压力油倒流和液压冲击对液压泵的影响。

二位四通换向阀 18、溢流阀 20 和单向阀 19 装在一个集成块 A 上。其作用是用来控制液压泵正常工作和卸荷。

溢流阀 11 作安全阀用，调定压力为 6.5MPa。

三位四通电液换向阀25和30用来更换油流通道，对执行机构起换向作用。

单向阀24和29的作用是防止管道油液倒流，使管道内始终充满油液，避免电液换向阀换向时产生液压冲击。

溢流阀10调定压力为3.5×10^5Pa，当滤油器9堵塞后，回油压力升高到3.5×10^5Pa时，阀10打开，油液直接回油箱，避免损坏滤油器。

板式冷却器6、温度计2、3和电加热器4共同控制系统油温保持在恒定值上。

二位四通换向阀26和单向阀27及溢流阀28同装在一个集成块B内。其作用是背压缓冲、防震。必要时可向顶杆缸的有杆腔补油，使顶杆紧贴后座，避免轧制惯性冲击。

单向阀35的作用同15。

单向变量叶片泵34两台，一台工作一台备用（图9-2中只表示了一台4号，另一台省略）。其作用是向张紧缸提供压力油，向顶杆缸补充油液，并且向换向阀25和30提供远程控制油液。

9.7.2.3　400mm轧管机组液压系统工作原理

400mm轧管机液压传动系统如图9-18所示，各液压缸工作顺序与相应的电磁铁动作顺序见表9-1。

表9-1　电磁铁动作顺序表

电磁铁动作 \ 液压缸动作	1DT	2DT	3DT	4DT	5DT	6DT
顶杆缸前进	+	−	+	−	−	−
顶杆缸后退	+	+	−	−	−	−
顶杆缸到位	−	−	−	−	−	+
斜楔缸前进	+	−	−	+	−	+
斜楔缸后退	+	−	−	−	+	+

顶杆向左前进的油路：按下按钮使电磁铁1DT和3DT同时通电，换向阀18和25的右位同时接入系统。实现顶杆向左前进的主油路是：

进油路：压力油由液压泵14→单向阀15和19→换向阀25的右位→顶杆液压缸的右腔，活塞左移。

回油路：顶杆液压缸左腔的油液→换向阀25的右位→单向阀24→连接点3、2和4→截止阀16→精滤油器9→截止阀17→冷却器6→磁性过滤器5→油箱1。

顶杆前进到位至HK2，主令控制器发出信号，1DT和2DT同时通电，3DT断电。换向阀25的左位接入系统。实现顶杆液压缸右退的主油路是：

进油路：压力油由液压泵14→单向阀15和19→换向阀25的左位→顶杆液压缸左腔，活塞右移。

回油路：顶杆液压缸右腔的油液→换向阀25的左位→单向阀24→连接点3、2和4→截止阀16→精滤油器9→截止阀17→冷却器6→磁性过滤器5→油箱1。

当顶杆后退至HK1时，主令控制器发出信号，使2DT和3DT断电，1DT、4DT、6DT和7DT通电，这时泵34向顶杆液压缸补油实现斜楔液压缸向右前进。其主油路是：

进油路：压力油由液压泵14→单向阀15和19→换向阀30的左位→斜楔液压缸的左腔，活塞右移。

回油路：斜楔液压缸右腔的油液→换向阀30的左位→单向阀29→连接点3、2和4→截止阀16→精滤油器9→截止阀17→冷却器6→磁性过滤器5→油箱1。

　　斜楔液压缸前进至 CK2 时，轧管机轧制开始。轧制完毕，主令控制器发出信号：4DT 断电，1DT、5DT、6DT 和 7DT 通电，换向阀 30 的右位接入系统，这时泵 34 仍向顶杆液压缸补油实现斜楔液压缸左退，其主油路是：

　　进油路：压力油由液压泵 14→单向阀 15 和 19→换向阀 30 的右位→斜楔液压缸右腔，活塞左移。

　　回油路：液压缸左腔的油液→换向阀 30 的右位→单向阀 29→连接点 3、2 和 4→截止阀16→精滤油器 9→截止阀 17→冷却器 6→磁性过滤器 5→油箱 1。

　　斜楔机构退回，工作辊的上辊抬起。顶杆缸的活塞前进至 HK2 时，更换顶头准备再轧。

9.7.3　400mm 轧管机组液压系统常见故障及其排除

　　400mm 轧管机常见故障有以下几种。

　　A　顶杆机构抖动爬行

　　产生这种故障的原因如下：

　　(1) 管路油液中混入空气。使液压缸内的油液产生"弹性环节"，从而使执行机构在运动时产生抖动爬行。

　　(2) 压力波动或压力不足。主要是由于有关液压元件如换向阀磨损间隙增大，造成内泄漏增加，引起压力不足，或者由于溢流阀阻尼小孔堵塞，主阀弹簧变形，刚性差，造成压力不稳，从而导致执行机构抖动爬行。

　　(3) 顶杆液压缸活塞杆运动憋劲。主要是由于轧制过程中产生"轧卡"现象（机械故障）或顶杆被撞击，造成活塞杆弯曲变形。致使活塞杆运动摩擦力加大，造成活塞杆运动憋劲。

　　排除方法如下所述：

　　(1) 空载大行程往复运动，加压排气直至空气排除。

　　(2) 研配换向阀阀芯与阀体之间的配合间隙并达到规定值，或更换新阀。清洗和更换溢流阀的弹簧。检查油质，过滤或更换油液。

　　(3) 将活塞杆矫正修复或更换，并重新安装调整，以保证液压缸活塞运动灵活。

　　B　顶杆前进或后退不到位

　　故障原因主要是由于油液污染，换向阀 26 失灵或换向不灵活，以及单向阀被卡死而造成。排除方法：清洗检修或更换有关阀、更换油液。

　　C　溢流阀不限压

　　故障原因是由于油液污染造成阻尼小孔堵塞，主阀芯卡死或先导阀磨损失灵（高压系统中会产生磨屑杂质）。

　　排除方法：清洗修理溢流阀，并对油液进行过滤或更换。

　　D　软管破裂

　　产生这种故障的原因如下所述：

　　(1) 调定压力过高；

　　(2) 轧制过程中冲击惯性过大；

　　(3) 管子安装时发生扭曲；

　　(4) 管子接头松动。

　　排除方法：重新调定适当的压力，减小冲击惯性，更换管子重新安装和拧紧管接头。

　　E　压力表指针被打弯

　　产生这种故障的主要原因是液压冲击。

排除方法：采取措施减小液压冲击，或改装表内有液压油缓冲装置的压力表。

F　外泄漏严重

产生这种故障的原因如下：

（1）管接头长期不进行维护，致使密封破坏。

（2）机械冲击引起的振动、噪声、导致配管接头的松动，密封装置被破坏。

（3）管路安装和维护不当，造成密封不良或被破坏。

排除方法如下：

（1）消除和限制机械冲击的影响；

（2）按要求重新安装密封件，加强日常维护和保养。

9.8　打包机液压传动系统

盘卷钢筋打包机又称打捆机，是现代盘卷钢筋生产不可缺少的冶金设备。它将钩运机传送的盘卷钢筋自动打捆，然后再由钩运机送到卸卷机卸卷，实现生产自动化。

9.8.1　打包机的用途与机械工作原理

打包机是用来打捆盘卷钢筋的。它由压实小车 1、机身 2、旋扣（K 头）装置 3、托架 4、捆线拉伸送线装置 5 等组成（如图 9-19 所示）。

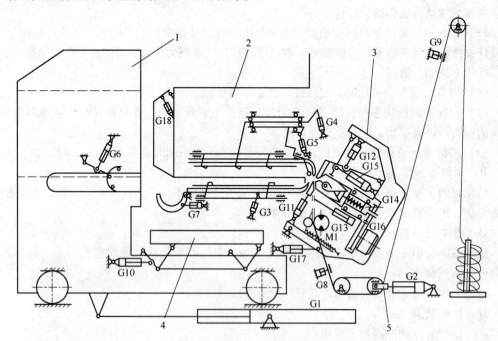

图 9-19　盘卷钢筋打包机的外形及其结构示意图
1—压实小车；2—机身；3—旋扣装置；4—托架；5—捆线拉伸送线装置

打包机在打捆盘卷钢筋时，由钩运机运送盘卷钢筋放在托架 4 开始，经托架提升、压实小车前进压实、旋扣装置动作构成串送捆线通道、捆线拉伸送线、旋扣、剪切、压实小车退回、传送打捆好的盘卷钢筋等一系列互相联锁顺序动作完成的，这些动作全靠各种液压缸来实现。

9.8.2 打包机液压系统

9.8.2.1 液压系统的组成

一般情况下，四台打包机共用一个液压站和一个油箱。每台打包机配有一个液压泵组（由辅助泵一台、低压泵一台、高压泵一台组成）。每台打包机有 19 种用途，共 63 个液压缸和 4 个液压马达组成主液压系统和几个辅助液压系统。这里只介绍主液压系统，在分析主液压系统的工作原理及各有关动作时，可参考电磁铁动作顺序表 9-2。

表 9-2　电磁铁的动作顺序表

动作顺序 ＼ 电磁铁	1YA	2YA	3YA	4YA	5YA	6YA
液压缸 G1 不运行、蓄能器不蓄油，系统处于卸荷状态	–	–	–	–	–	–
蓄能器蓄油	+	–	–	–	–	–
蓄能器蓄油、油压 $p > 17$MPa 时系统处于卸荷状态	–	–	–	–	–	–
压实小车运行 ／ 快进压实	+	+	+	–	–	+
压实小车运行 ／ 慢进压实	+	+	–	–	–	–
压实小车运行 ／ 停止系统卸荷	–	–	–	–	–	–
压实小车运行 ／ 慢退、紊乱钢筋复位	+	+	–	–	–	+
压实小车运行 ／ 第二次慢进压实	+	+	–	–	–	–
压实小车运行 ／ 打捆完毕快退	+	+	–	+	+	–

9.8.2.2 主液压系统工作原理

盘卷钢筋打包机主液压传动系统如图 9-20 所示。当辅助泵 2 启动、油压大于 0.3MPa 时，压力继电器 3 发生电信号、立即启动高压泵 5 和低压泵 7，这时，高压泵和低压泵向系统供给压力油，其供油过程分三种情况进行：第一、小车不运行（液压缸 G1 不需零压力油），蓄能器不蓄油。这时所有电磁铁断电，高压泵 5 和低压泵 7 输出的油液经溢流阀 11 和溢流阀 9，再经单向阀 32 和滤油器 34 流回油箱，系统处于卸荷状态。第二、蓄能器蓄油，由电接点压力表 O_3e_2 控制换向阀 12 的电磁铁 1YA 通电，阀 12 关闭。当蓄能器蓄油压力大于 17MPa 时，又使 1YA 断电，打开阀 12，使泵 5 卸荷。第三、压实小车运行，电磁铁 1YA 和 2YA 常处于通电状态，液压泵 5 不断向系统供给压力油，液压缸 G1 驱动压实小车对盘卷钢筋进行压实、复位、快退等动作。

换向阀 25 的作用是：当阀 25 左位接入系统时，液压缸 G1 左右两腔构成差动连接，两腔压力差减小，液压缸 G1 左移，使被压的有些紊乱盘卷钢筋松弛复位，达到规格化，准备第二次进行压实。

液控单向阀 22 的作用是：当打捆完一个盘卷钢筋后，电磁铁 1YA、2YA、4YA 和 5YA 均通电，阀 16 右位接入系统，阀 22 打开，压力油进入缸 G1 的左右两腔。实现差动连接，液压缸 G1 驱动压实小车快速返回。

9.8.2.3 主液压系统在运行中主要动作的主油路分析

（1）液压缸 G1 不工作，蓄能器不蓄油，电磁铁全断电，系统处于卸荷状态，其主油路是：

泵 2 → 泵 5 → 阀 6 → 阀 11 ─┐

└→ 泵 7 → 阀 8 → 阀 9 ──→ 阀 32 → 滤油器 34 → 油箱 1。

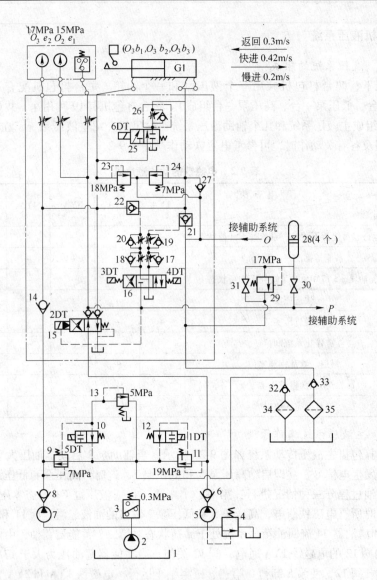

图 9-20　盘卷钢筋打包机主液压传动

（2）蓄能器进行蓄油，电磁铁 1YA 通电，其他电磁铁均断电，其主油路是：

泵 2→泵 5→阀 6→阀 15 右位→截止阀 30→蓄能器 28。

当蓄油压力 $p > 17\text{MPa}$ 时，溢流阀 29 开启，压力油经阀 29→单向阀 33→滤油器 35→油箱 1。阀 29 起安全保护作用。与此同时电接点压力表 $O_3 e_2$ 发出信号使 1YA 断电，泵 5 和泵 7 又处于卸荷状态。

（3）液压缸 G1 快进压实，电磁铁 1YA、2YA、3YA 和 5YA 均通电，4YA 和 6YA 断电。这时主油路是：

进油路：

回油路：

缸 G1 的无杆腔→阀 21→阀 33→滤油器 35→油箱 1。

注：控制油路是：蓄能器 28→截止阀 30→阀 16 左位→阀 17→阀 19→阀 21K 口→使阀 21 开启。

(4) 液压缸 G1 慢进压实，电磁铁 1YA、2YA 和 3YA 均通电，4YA、5YA 和 6YA 均断电。这时主油路是：

进油路：泵 2→泵 5→阀 6→阀 15 左位→缸 G1 的有杆腔，活塞向右慢进。

回油路：缸 G1 的无杆腔→阀 21→阀 33→滤油器 35→油箱 1。

注：控制油路与快速压实相同。因这时泵 7 处于卸荷状态，只有泵 5 向系统供给压力油，系统流量减小，根据公式：

$$v = \frac{Q}{A}$$

所以，这时缸 G1 的活塞慢速前进压实。

(5) 液压缸 G1 暂时停止，系统处于卸荷状态。这时主油路与 (1) 完全相同。

(6) 液压缸 G1 慢退，紊乱盘卷钢筋复位，电磁铁 1YA、2YA 和 6YA 均通电，3YA、4YA 和 5YA 均断电。这时主油路是：

泵 2 → 泵 5 → 阀 6 → 代 15 左位——→阀 25 左位 → 单向节流阀 26 → 缸 G1 的无杆腔。

缸 G1 的有杆腔

这时液压缸 G1 的无杆腔和有杆腔串通构成差动连接且两腔油压相等。由于无杆腔活塞面积比有杆腔活塞面积大，所以油压作用在活塞上的作用力不平衡，活塞将向有杆腔移动而带动压实小车向左慢退，使被压紧的有些紊乱盘卷钢筋松弛复位，达到规格化、等待下次进行压实。

(7) 液压缸 G1 向右慢进，进行第二次压实。电磁铁 1YA 和 2YA 同时通电，3YA、4YA、5YA 和 6YA 均断电。这时的主油路是：

进油路：泵 2→泵 5→阀 6→阀 15 的左位→缸 G1 的有杆腔，活塞向右慢进。

回油路：缸 G1 的无杆腔→溢流阀 24→阀 33→滤油器 35→箱 1。

(8) 打捆完毕，缸 G1 向左快退。电磁铁 1YA、2YA、4YA 和 5YA 均通电，3YA 和 6YA 均断电。这时的主油路是：

泵 2 → 泵 5 → 阀 6 → 阀 15 左位

泵 7 → 阀 8 → 阀 14——→阀 22 → 缸 G1 的无杆腔。

缸 G1 的有杆腔

注：控制油路是蓄能器 28→截止阀 30→阀 16 右位→单向节流阀 18→单向节流阀 20→液控单向阀 22K 口，使阀 22 开启。

这时泵 5 和泵 7 同时向液压缸 G1 供油，且缸 G1 又构成差动连接，所以活塞带动压实小车快速向左退回，等待下一个盘卷钢筋打捆。

9.8.3 打包机液压系统常见故障及其排除

盘卷钢筋打包机液压系统应经常检查和维护，防止和减少故障的发生。一旦发现故障，应细致检查出现故障的部位，在周密调查的基础上，根据液压传动系统图和安装图分析产生故障的原因，找出产生故障的元件，根据具体情况拟定排除故障的方案，制订检修计划，按检修工艺要求进行检修。

打包机液压系统常见故障及其排除有以下几种情况。

9.8.3.1 油温超高

产生的原因和排除方法如下：

（1）蓄能器的氮气压力不足。应补充氮气至规定值。

（2）高压溢流阀溢流较长或电磁线圈不断电。应找电器仪表工进行检修或更换新阀。

（3）油箱油位低。应加油到规定标高。

（4）室温过高。应开启风机进行降温。

（5）冷却泵未开或未注入冷却水；应开启冷却泵或注入冷却水。

9.8.3.2 控制油压不足

产生的原因和排除方法如下：

（1）液压泵输出油压的控制压力值调整得过低。应将溢流阀调整到规定压力值。

（2）控制阀磨损或损坏造成泄漏。应拆卸进行检修或更换。

（3）系统泄漏。先找出泄漏部位，再进行拆卸、清洗和更换密封件。

9.8.3.3 系统油压不足

产生的原因和排除方法如下：

（1）高压泵输出油压低于规定值。应调整高压溢流阀的压力值，当溢流阀失灵时应进行更换。

（2）蓄能器氮压不足。应充氮到规定值。

（3）控制阀产生内泄。应更换新阀。

（4）液压缸产生内泄。应拆卸、清洗，更换密封圈；当活塞磨损严重时，应更换活塞。

9.8.3.4 压实小车不运行

产生的原因和排除方法如下：

（1）压实小车运行部分有障碍物卡住或车轮损坏。应清除障碍物或更换车轮。

（2）连接部位或瓦座损坏。应进行更换，重新安装。

（3）系统油压不足。按上述分析原因进行排除，使系统油压达到规定值。

（4）换向阀的先导阀芯或主阀芯不灵敏或被卡死。应进行拆卸、清洗、检修或进行更换。

（5）换向阀的电磁铁与阀体配合不好。更换电磁铁和阀体，重新安装配合或更换整套换向阀。

（6）换向阀的电磁线圈断路而造成不能换向。应找电工检查和修理。

（7）因单向阀或换向阀的阀芯卡死而造成油管中的油液不畅通，应查明原因、找出损坏的有关阀，进行检修或更换。

（8）因节流阀被污物堵塞或阀芯断裂而造成油管一端有油流动而另一端无油流动。应立即卸下损坏的节流阀而更换新的节流阀。

（9）因液压缸 G1 的活塞密封圈磨损或老化变质而造成液压缸 G1 内泄。应立即停机拆卸清洗，更换新的密封圈。

（10）因液压缸 G1 的活塞或活塞杆磨损而造成泄漏；应立即停机卸下液压缸，进行更换安装。

9.8.3.5 压实小车在运行中速度不稳定，有爬行现象

产生的原因和排除方法如下：

（1）液压缸 G1 的活塞杆或液压缸的刚度低。应更换刚度合格的活塞杆或液压缸。

（2）液压缸 G1 安装不当，与导向机构轴线不一致。应拆卸并按技术要求重新安装。

（3）节流阀的流量不稳定或调整失灵。应选用流量稳定性好的节流阀重新安装。

（4）油液中混入较多空气。应查明混入空气的原因，采取排气措施，清洗滤油器，将吸、排油管远离设置、加强密封，防止停机时油液混入空气。

（5）油液黏度不适当。应换用指定黏度的液压油。

（6）导轨的导向机构精度较低或磨损而造成接触不良。应按要求进行修理、调整或进行更换，重新安装调整。

（7）润滑不充分，造成轨道拉毛或产生小凹坑。应按设计制造要求对轨道进行修复，并加强润滑，减小摩擦阻力。

9.8.3.6 压实小车产生前溜

产生的原因和排除方法如下：

（1）作安全阀用的溢流阀 29 压力值调得过低。应调到指定值。

（2）回油液控单向阀 21 和 22 内泄。应进行拆卸、清洗、更换和安装调整。

（3）液压缸 G1 有内泄。应对缸进行拆卸、清洗、更换密封圈和重新安装调整。

9.8.3.7 压实小车产生后溜

产生的原因和排除方法如下：

（1）卸压换向阀 25 产生内泄。应对此阀进行拆卸和更换安装。

（2）差动回路液控单向阀 22 产生内泄。应对此阀进行拆卸和更换安装。

（3）三位四通电磁换向阀 16 产生内泄。应对此阀进行拆卸和更换安装。

（4）液压缸 G1 有内泄。应对缸进行拆卸，清洗、更换密封圈和重新安装调整。

9.8.3.8 压实小车在压实过程中突然停止运动

产生的原因和排除方法如下：

（1）电磁换向阀的电磁线圈断电。应找电工进行检修或更换新阀。

（2）蓄能器压力不足或无压力。对蓄能器进行检查并充足压力油。

（3）压力断电器失灵。造成换向阀的电磁线圈断电，应找电工更换失灵的压力断电器。

9.8.3.9 压实小车启动、换向时振动大

产生的原因和排除方法如下：

（1）液控单向阀开启和关闭配合失灵或阀芯卡死，应对此阀进行拆卸、清洗、检修或进行更换。

（2）单向节流阀失灵。应进行拆卸、清洗、检修或更换新阀。

（3）卸压换向阀的阀芯卡死。应对此阀进行拆卸、清洗、检修或更换新阀。

（4）压力继电器的压力值调得过高。应按要求调到指定值。

9.8.3.10 蓄能器压力不足或无压力

产生的原因和排除方法如下：

（1）压力继电器失灵，使电磁铁 1YA 和 2YA 失控，压力油不能流向蓄能器。应找电工检修压力继电器或更换新的压力继电器。

（2）二位四通电液换向阀的阀芯卡死。应对此阀拆卸、清洗、检修或更换新阀。

（3）高压泵输出油压不足或无压力。应将限压阀 11 的压力调到指定值，当此阀失灵时，应立即更换新阀，确保系统正常工作。

（4）安全阀 29 有内泄。应对该阀进行拆卸、清洗和修理或进行更换。

（5）氮气压力不足。应对蓄能器进行充足氮气并达到规定值。

（6）系统中有的阀产生内泄。应查找出产生内泄的阀，并进行更换、安装和调整。

思 考 题

9-1　高炉炉顶液压系统中，为保证大钟在受料后仍能密封，采用了补油回路。在大钟油缸的操纵回路中采用其他措施（包括改变原有的回路及元件）是否也能达到受料后密封的效果？

9-2　试讨论电炉液压系统中电液伺服阀控制油路采用两个开式油箱有何利弊，并提出改进措施。

9-3　指出图 9-21 所示液压系统，具有（　　）、（　　）、（　　）和（　　）的功能和作用，图中 $Q_A > Q_B$。要液压缸的活塞实现"快进、第一工进、第二工进和快退"的动作循环时，填出电磁铁通电情况表。

动作＼DT	1DT	2DT	3DT	4DT
快　　进				
第一工进				
第二工进				
快　　退				

9-4　指出图 9-22 所示液压系统，具有（　　）、（　　）、（　　）、（　　）、（　　）和（　　）的功能和作用，并指出电磁铁动作情况表。

动作＼DT	1DT	2DT	3DT	4DT
A 夹紧				
B 快进				
B 工进				
B 快退				
B 停止				
A 松开				

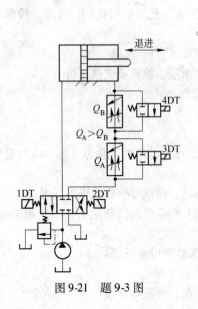

图 9-21　题 9-3 图

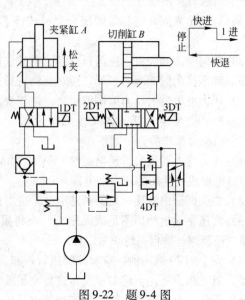

图 9-22　题 9-4 图

10 液压传动系统常见故障及排除

液压系统工作不正常，不管表现形式如何，最终主要表现为执行机构不能正常工作。例如，没有运动、运动不稳定、运动方向不正确、运动速度不符合要求、动作循环错乱、力输出不稳定、产生液压冲击、液压卡紧和爬行等故障。这些故障无论是什么具体原因，有多少影响因素，往往都可以根据压力、流量、液流方向去查找故障原因，并采取相应对策予以排除。

10.1 压力不正常

液压传动系统中，工作压力不正常主要表现在工作压力建立不起来，工作压力升不到调定值，有时也表现为压力升高后降不下来，致使液压传动系统不能正常工作，甚至运动件处于原始位置不动。液压传动系统压力不正常的主要表现形式之一是压力不足。图 10-1 所示为压力不足的主要原因和排除方法的逻辑诊断流程图。从逻辑诊断图的分析中可以看出，液压系统工作压力不足的主要原因有：液压泵出现故障，液压泵的驱动电机出现故障，以及压力阀出现故障等几个方面。

液压系统压力不正常其他表现形式的产生原因与压力不足的原因是一样的。所以一般来说，液压系统压力不正常都与液压泵、压力阀密切相关。下面详细分析液压泵与压力阀的故障对液压系统压力的影响。

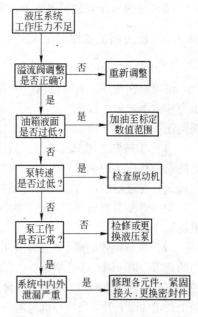

图 10-1　压力不足逻辑诊断流程图

10.1.1 液压泵的故障

10.1.1.1　产生原因

（1）泵内零件配合间隙超出规定技术要求，引起压力脉动或使压力升不高。

（2）进出油口不同的单作用泵，进出口油管接反。

（3）液压泵各个相结合面密封不严，致使空气进入。

（4）叶片泵中，叶片卡死，叶片与转子装反，叶片与内曲线表面接触不良；柱塞泵中，柱塞卡死。

（5）泵内零件加工质量和装配质量差，如齿轮泵的一对啮合齿轮齿面接触不良。

（6）泵内零件损坏，如密封件、轴承等。

10.1.1.2　排除方法

（1）由于磨损而造成间隙过大的零件，要按修理工艺进行修复，以保证配合间隙在规定的范围内。不能修复的零件应更换新件，保证液压泵的工作性能指标。

（2）安装、调试液压泵时，一定要仔细阅读使用说明书，严格执行安装调试工艺规程要求。确认泵的吸、排油口，启动液压泵前一定要向泵内灌满液压油。

（3）液压泵的进出油口密封要良好，不得泄漏或进入空气。如要确认有无空气进入，可将密封部位涂上黄油，看泵的噪声是否明显减小，来判定泵运转中有无空气进入。

（4）泵内各配合处接触不良，要及时修复。装配液压泵时，要执行清洗、装配工艺规程，如叶片泵中的叶片不得装反，运动要灵活，叶片涂油后，靠自重能自动落入转子槽中为合适。

（5）泵内零件加工，储运都要严格执行图纸和各项工艺要求，装配前要严格检验制度，不合格零件，不能装到泵上去。

（6）泵内零件损坏，不能修复的要更换新件。特别是密封件，有缺陷的一定要更换新件。

10.1.2　液压泵驱动电动机的故障

10.1.2.1　产生原因

（1）电动机反转。

（2）电动机规格不准确，功率不足或转速达不到规定要求。

10.1.2.2　排除方法

（1）重新接线，纠正电动机转向。

（2）根据液压泵说明书要求，核对电动机性能规格。

10.1.3　压力阀的故障

10.1.3.1　溢流阀调压失灵

溢流阀在使用中有时会调压失灵。先导式溢流阀调压失灵有两种情况：一是调节调压手轮压力建立不起来，或压力达不到设定数值；另一种是调节手轮压力不下降，甚至不断升压。出现调压失灵，除了阀芯径向卡紧外，还有以下几种原因：

（1）主阀芯上阻尼孔堵塞，液压力传递不到主阀上腔和锥阀前腔，导阀就失去对主阀压力的调节作用。因主阀上腔无油压力，弹簧力又很小，所以主阀成为一个弹簧力很小的直动式溢流阀，在进油腔压力很低的情况下，主阀芯就打开溢流，系统便建立不起压力。

调压弹簧变形或选用错误、阀内泄漏过大或导阀部分锥阀过度磨损等，是压力达不到调定值的基本原因。

（2）先导阀锥阀座上的阻尼小孔堵塞，油压传递不到锥阀上，同样导阀就失去了对主阀压力的调节作用。阻尼小孔堵塞后，在任何压力下，锥阀都不能打开泄油，阀内无油液流动，主阀芯上下腔油液压力相等，主阀芯在弹簧力的作用下处于关闭状态，不能溢流，溢流阀的阀前压力随负载增加而上升。当执行机构运动到终点、外负载无限增加，系统的压力也就无限升高。

（3）溢流阀的远程控制口若接有调压阀，此时如果控制口堵塞、控制口到调压阀之间管路较长，并进有空气，便造成压力调节不正常。

（4）溢流阀内密封圈损坏，主阀芯、锥阀芯磨损过大，造成内外泄漏严重，使调节压力不稳定，甚至无法正常工作。

10.1.3.2　减压阀调压失灵

（1）在减压回路中，调节调压手轮，减压阀出口压力不上升，其主要原因是主阀芯阻尼孔堵塞，出口油液不能流入主阀上腔和先导阀的前腔，因此出油口压力传递不到锥阀上，于是导阀就不能对主阀出油口压力进行调节。同时，主阀上腔没有油压作用，故在出油口压力很低时就克服弹簧力作用，将主阀减压阀口关闭，使出油口建立不起压力。

另外，主阀减压阀口关闭时，由于主阀芯卡住、外控口未堵住、甚至锥阀芯未安装在阀座孔内等，都是出油口压力不能上升的原因。

（2）出油口压力上升达不到额定数值。这是由于调压弹簧永久变形、压缩行程不够及锥阀磨损过大等原因造成的。

（3）调节调压手轮，不能改变阀后压力，并且出油口压力随进油口压力同时上升或下降。这是由于锥阀座阻尼小孔堵塞后，出油口压力传递不到锥阀上，使导阀失去对主阀出油口压力的调节作用。又因为主阀阻尼小孔无油流动，主阀芯上下腔油液压力相等，主阀芯在弹簧力的作用下处于最下部位置，减压阀口通流面积为最大，于是出油口压力随着进油口压力的变化而变化。

如果外泄油口堵塞，出油口压力虽能作用到锥阀上，但同样主阀芯的阻尼孔无油液流动，减压阀口通流面积也为最大，所以出油口压力也随进油口压力的变化而变化。

单向减压阀的单向阀泄漏严重时，进油口压力就通过泄漏处传递到出油口，使出油口压力也随进油口压力变化而变化。

另外，由于主阀芯在全开位置时卡住，同样也出现上述故障。

（4）调节调压手轮时，出油口压力不下降，这主要是由于主阀芯卡住引起的。

（5）工作压力调定后，出油口压力自行升高。

10.1.4 压力不正常的其他原因

（1）滤油器堵塞，液流通道过小，油液黏度过高，以致吸不上油。

（2）系统油液黏度过低，泄漏严重。

（3）油液中进入过量空气，以及污染严重。

（4）电动机功率不足，转速太低。

（5）管路接错。

（6）压力表损坏。

10.2 欠 速

10.2.1 欠速的不良影响

液压设备执行元件（油缸及油马达）的欠速包括两种情况：一是快速运动（快进）时速度不够快，不能达到设计值和新设备的规定值；二是在负载下其工作速度（工进）随负载的增大显著降低，特别是大型液压设备及负载大的设备，这一现象尤为显著，速度一般与流量大小有关。

欠速首先是影响生产效率，增长了液压设备的循环工作时间；欠速现象在大负载下常常出现停止运动的情况，这便要影响到设备能否正常工作了。而对于需要快速运动的设备，速度不够影响加工质量和生产效率。

10.2.2 欠速产生的原因

10.2.2.1 快速运动的速度不够的原因

（1）油泵的输出流量不够和输出压力提不高。

（2）溢流阀因弹簧永久变形、主阀芯阻尼孔局部堵塞、主阀芯卡死在小开口的位置，造成油泵输出的压力油部分溢回油箱，使通入系统给执行元件的有效流量大为减少，使快速运动的速度不够。

（3）系统的内外泄漏严重。快进时一般工作压力较低，但比回油油路压力要高许多。当油缸的活塞密封破损时，油缸两腔因串腔而内泄漏大（存在压差），使油缸的快速运动速度不够，其他部位的内外泄漏也会产生这种现象。

（4）导轨润滑断油，油缸的安装精度和装配精度差等原因，造成快进时摩擦阻力增大。

10.2.2.2　工进速度明显降低的原因

工作进给时，在负载下工进速度明显降低，即使开大速度控制阀（节流阀等）也依然如此。

（1）系统在负载下，工作压力增高，泄漏增大，所调好的速度因内外泄漏的增大而减少。

（2）系统油温增高，油液黏度减少，泄漏增加，有效流量减少。

（3）油中混有杂质，堵塞流量调节阀节流口，造成工进速度降低；时堵时通，造成速度不稳。

10.2.3　欠速排除方法

（1）排除油泵输出流量不够和输出压力不高的故障。

（2）排除溢流阀等压力阀产生的使压力上不去的故障。

（3）查找出产生内泄漏与外泄漏的位置，消除内外泄漏；更换磨损严重的零件消除内漏。

（4）清洗节流阀。

（5）控制油温。

（6）使应有"储能"功能的蓄能器正常工作。

10.3　振动和噪声

振动和噪声是液压设备常见故障之一，二者是一对孪生兄弟，往往是同时产生、同时消失。振动和噪声加剧了设备的磨损，造成管路接头松脱、加剧泄漏，甚至震坏仪器仪表。淹没报警、指挥信号。噪声使大脑疲劳、加快心跳、影响听力，对操作者身心健康造成危害。

10.3.1　振动和噪声产生的原因

在造成振动和噪声故障源中，油泵和溢流阀居首位，油马达、其他压力阀、方向阀次之，流量阀更次之。

10.3.1.1　油泵产生振动与噪声的原因

（1）吸油管密封不好，吸进空气。

（2）吸油管处的滤油器阻塞，造成吸空。

（3）泵盖和泵体结合面密封不好进气。

（4）泵的传动轴处油封不当或损坏。

（5）泵轴轴承破裂或精度太差造成运转噪声。

（6）泵轴与联轴器安装不同心。

（7）泵从吸油区到压油区的困油现象消除不彻底（齿轮泵、叶片泵、柱塞泵都存在困油现象）。

10.3.1.2　溢流阀产生振动与噪声的原因

（1）主阀芯弹簧腔内积存有空气。

（2）先导锥阀硬度不够，因多次振荡而使锥阀与阀座密合不好。

（3）调压锁紧螺母因振动而松动，使压力波动。

（4）振荡声伴随着阀的不稳定振动现象引起的压力脉动而造成的噪声，溢流阀、电磁换

向阀、单向阀等，它们的阀芯都由弹簧支撑，因此对
振动都很敏感。这是因为这些阀有弹性元件（弹簧）
和运动元件（阀芯），又有不均匀的激振压力（压力
脉动），所以具备了振荡条件。例如先导式溢流阀的导
阀部分是一个易振部位，如图 10-2 所示。在高压溢流
时，导阀的轴向开度很小，仅为 0.03 ~ 0.06mm，过流
面积很小，流速可高达 200m/s，容易引起压力分布不
均，使锥阀径向受力不平衡而产生振动。另外，锥阀
和阀座加工精度不高，导阀被胶质物粘结，调压弹簧

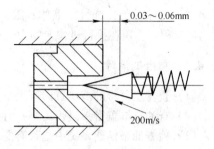

图 10-2 锥阀径向受力不平衡产生振动

变形，均可使锥阀振动。并易引起整个阀共振而发出强烈的噪声。

10.3.2 排除方法

（1）检查油泵是否产生噪声和振动，具体检查：
1）查吸油管和滤油器是否阻塞，如阻塞清洗。
2）查泵吸油管连接处是否漏气。
（2）检查溢流阀是否产生噪声和振动，具体检查：
1）查先导阀（锥阀）是否磨损，能否与阀座密合，如不正常换先导阀头。
2）查先导阀调压弹簧是否变形扭曲，扭曲则换弹簧或换先导阀头。
（3）检查油泵与电动机联轴器安装是否同心、对中，不同心的调整。
（4）检查管路有无振动，有振动处加隔声消振管夹。
（5）双泵或多泵联合供油的油液汇流处的接头要合理，否则会因涡流气蚀产生振动和噪
声（参见图 10-3）。

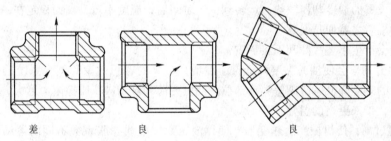

差　　　　　　　　　　　良　　　　　　　　　　　良

图 10-3 接头不合理

10.4 爬行

10.4.1 产生爬行的原因

液压执行机构（油缸移动或马达转动），往往出现明显的速度不均，出现断续的时动时
停、一快一慢、一跳一停的现象，称为爬行。造成爬行的原因有三个：
（1）油缸或马达内进气。
（2）系统内有压力或流量脉动。
（3）执行机构的机械阻力或摩擦力变化太大。
在上述三个因素中，对于正常运转的设备来说，空气进入系统是主要因素。由于空气的压
缩性很大，一旦液压油中混入空气，使原本认为"不可压缩"的"刚性"液体，变成了包含

很多"小气球"的"弹性"液体，因而此时油液"刚性"极差，像弹簧一样，具有吸收和释放力的过程。作用在执行机构上的力也就发生时大时小的变化，导致爬行。

10.4.2　爬行的消除

（1）查发生爬行的液压缸内有无空气混入、通过排气阀排尽空气。

（2）查油缸缸盖密封是否良好，有无漏油、进气交替进行的现象。

（3）检查油泵供油系统中是否有空气打入油缸。

（4）检查发生爬行的液压支路上的节流阀中是否有污物进入，使节流阀处于时开、时堵状态。

（5）查润滑油稳定器是否失灵，从而导致润滑油不稳定，时而断流，出现干摩擦。

（6）查油泵是否磨损而引起流量脉动，使执行机构爬行。

（7）检查压力阀的阻尼孔是否阻塞造成系统压力波动而导致爬行。

（8）检查液压缸内孔是否有局部拉伤现象而导致爬行。

（9）检查液压缸是否由于装配不当有"憋劲"现象。

10.5　系统油温过高

10.5.1　温升的不良影响

液压系统的温升发热，与污染一样也是一种综合故障的表现形式，主要通过测量油温和少量液压元件来衡量。

液压设备是用油液作为工作介质来传递和转换能量的，运转过程中的机械能损失、压力损失和容积损失必然转化成热量放出，从开始运转时接近室温的温度，通过油箱、管道及机体表面，还可通过设置的油冷却器散热，运转到一定时间后，温度不再升高而稳定在一定温度范围达到热平衡，二者之差便是温升。

温升过高会产生下述故障和不良影响：

（1）油温升高，会使油的黏度降低，泄漏增大，泵的容积效率和整个系统的效率会显著降低。由于油的黏度降低，滑阀等移动部位的油膜变薄和被切破，摩擦阻力增大，导致磨损加剧，系统发热，带来更高的温升。

（2）油温过高，使机械产生热变形，使得液压元件中线膨胀系数不同的运动部件之间的间隙变小而卡死，引起动作失灵，又影响液压设备的精度，导致零件加工质量变差。

（3）油温过高，也会使橡胶密封件变形，提早老化失效，降低使用寿命，丧失密封性能，造成泄漏，泄漏会又进一步发热产生温升。

（4）油温过高，会加速油液氧化变质，并析出沥青物质，降低液压油使用寿命，析出物堵塞阻尼小孔和缝隙式阀口，导致压力阀调压失灵、流量阀流量不稳定和方向阀卡死不换向、金属管路伸长变弯，甚至破裂等诸多故障。

（5）油温升高，油的空气分离压降低，油中溶解空气溢出，产生气穴，致使液压系统工作性能降低。

10.5.2　简单防治

（1）在设备运行中观察温度计显示温度是否正常。

（2）如发生温度超过允许范围应检查双金属温度计发讯系统是否正常。必要时与电工联系，共同排除故障。

（3）检查循环过滤冷却泵工作是否正常。

（4）检查冷却水是否正常通水。

10.6 进气和气穴

10.6.1 系统进入空气和产生气穴的危害

液压封闭系统内部的气体有两种来源：一是从外界被吸入到系统内的，称为混入空气；一是由于气穴现象产生液压油中溶解空气的分离。

10.6.1.1 混入空气的危害

（1）油的可压缩性增大（1000 倍），导致执行元件动作误差，产生爬行，破坏了工作平稳性，产生振动，影响液压设备的正常工作。

（2）大大增加了油泵和管路的噪声和振动，加剧磨损，气泡在高压区成了"弹簧"，系统压力波动很大，系统刚性下降，气泡被压力油击碎，产生强烈振动和噪声，使元件动作响应性大为降低，动作迟滞。

（3）压力油中气泡被压缩时放出大量热量，局部燃烧氧化液压油，造成液压油的劣化变质。

（4）气泡进入润滑部位，切破油膜，导致滑动面的烧伤与磨损及摩擦力增大（空气混入，油液黏度增大）的现象。

（5）气泡导致气穴。

10.6.1.2 气穴的危害

所谓气穴，是指流动的压力油液在局部位置压力下降（流速高，压力低），达到饱和蒸气压或空气分离压时，产生蒸气和溶解空气的分离而形成大量气泡的现象，当再次从局部低压区流向高压区时，气泡破裂消失，在破裂消失过程中形成局部高压和高温，出现振动和发出不规则的噪声，金属表面被氧化剥蚀，这种现象叫气穴，又叫气蚀。气穴多发生在油泵进口处及控制阀的节流口附近。

气穴除了产生混入空气造成的那些危害外，还会在金属表面产生点状腐蚀性磨损。因为在低压区产生的气泡进入高压区突然溃灭，产生数十兆帕的压力，推压金属粒子，反复作用使金属急剧磨损；因为气泡（空穴），泵的有效吸入流量减少。

另外因气穴工作油的劣化大大加剧。气泡在高压区受绝热压缩，产生极高温度，加剧了油液与空气的化学反应速度，甚至燃烧，发光发烟，碳元素游离，导致油液发黑。

10.6.2 空气混入的途径和气穴产生的原因

10.6.2.1 空气的混入途径

（1）油箱中油面过低或吸油管未埋入油面以下造成吸油不畅而吸入空气（图 10-4）。

（2）油泵吸油管处的滤油器被污物堵塞，或滤油器的容量不够，网孔太密，吸油不畅形成局部真空，吸入空气。

（3）油箱中吸油管与回油管相距太近，回油飞溅搅拌油液产生气泡，气泡来不及消泡就被吸入泵内。

（4）回油管在油面以上，当停机时，空气从回油管逆流而入（缸内有负压时）。

（5）系统各油管接头，阀与阀安装板的连接处密封不严，或因振动、松动等原因，空气

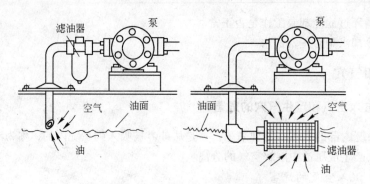

图 10-4　油箱油液不够，吸油空气

乘隙而入。

（6）因密封破损、老化变质或因密封质量差，密封槽加工不同心等原因，在有负压的位置（例如油缸两端活塞杆处、泵轴油封处、阀调节手柄及阀工艺堵头等处），由于密封失效，空气便乘虚而入。

10.6.2.2　气穴形成的原因

（1）上述空气混入油液的各种原因，也是可能产生气穴的原因。

（2）油泵产生气穴的原因如下：

1）油泵吸油口堵塞或容量选得太小。

2）驱动油泵的电动机转速过高。

3）油泵安装位置（进油口高度）距油面过高。

4）吸油管通径过小，弯曲太多，油管长度过长，吸油滤油器或吸油管浸入油内过浅。

5）冬天开始启动时，油液黏度过大等。

上述原因导致油泵进口压力过低，当低于某温度下的空气分离压时，油中的溶解空气便以空气泡的形式析出，当低于液体的饱和蒸气压时，就会形成气穴现象。

10.6.3　油泵气穴的防治方法

（1）按油泵使用说明书选择泵驱动电动机的转速。

（2）对于有自吸能力的泵，应严格按油泵使用说明书推荐的吸油高度安装，使泵的吸油口至液面的相对高度尽可能低，保证吸油进油管内的真空度不要超过泵本身所规定的最高自吸真空度，一般齿轮泵为 0.056MPa，叶片泵为 0.033MPa，柱塞泵为 0.0167MPa，螺杆泵为 0.057MPa。

（3）吸油管内流速控制在 1.5m/s 以内，适当加大缩短进油管路，减少管路弯曲数，管内壁尽可能光滑，以减少吸油管的压力损失。

（4）吸油管头（无滤油器时）或滤油器要埋在油面以下，随时注意清洗滤网或滤芯；吸油管裸露在油面以上的部分（含管接头）要密封可靠，防止空气进入。

10.7　液压卡紧和卡阀

10.7.1　液压卡紧的危害

因毛刺和污物楔入液压元件滑动配合间隙，造成的卡阀现象，通常称为机械卡紧。

液体流过阀芯阀体（阀套）间的缝隙时，作用在阀芯上的径向力使阀芯卡住，叫做液压卡紧。液压元件产生液压卡紧时，会导致下列危害。

（1）轻度的液压卡紧，使液压元件内的相对移动件（如阀芯、叶片、柱塞、活塞等）运动时的摩擦阻力增加，造成动作迟缓，甚至动作错乱的现象。

（2）严重的液压卡紧，使液压元件内的相对移动件完全卡住，不能运动，造成不能动作（如换向阀不能换向，柱塞泵柱塞不能运动而实现吸油和压油等）的现象。

10.7.2　产生液压卡紧和卡阀现象的原因

（1）阀芯外径、阀体（套）孔形位公差大，有锥度，且大端朝着高压区，或阀芯阀孔失圆，装配时二者又不同心，存在偏心距 e（图 10-5a），这样压力油 p_1 通过上缝隙 a 与下缝隙 b 产生的压力降曲线不重合，产生一向上的径向不平衡力（合力），使阀芯更加大偏心上移。上移后，上缝隙 a 更缩小，下缝隙 b 更增大，向上的径向不平衡力更增大，最后将阀芯顶死在阀体孔上。

（2）阀芯与阀孔因加工和装配误差，阀芯在阀孔内侧倾斜成一定的角度，压力油 p_1 经上下缝隙后，上缝隙值不断增大，下缝隙值不断减少，其压力降曲线也不同，压力差值产生偏心力和一个使阀芯阀体孔的轴线互不平衡的力矩，使阀芯在孔内更倾斜，最后阀芯卡死在阀孔内（图 10-5b）。

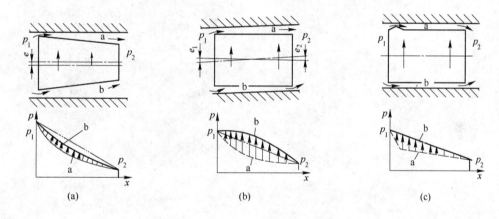

图 10-5　各种情况下径向不平衡力

（3）阀芯上因碰伤有局部凸起或毛刺，产生一个使凸起部分压向阀套的力矩（图 10-5c），将阀芯卡在阀孔内。

（4）污染颗粒进入阀芯与阀孔配合间隙，使阀芯在阀孔内偏心放置，形成如图 10-5b 所示状况，产生径向不平衡力导致液压卡紧。

（5）阀芯与阀孔配合间隙大，阀芯与阀孔台肩尖边与沉角槽的锐边毛刺倾倒的程度不一样，引起阀芯与阀孔轴线不同心，产生液压卡紧。

（6）其他原因产生的卡阀现象。原因有：

1）阀芯与阀体孔配合间隙过小。

2）污垢颗粒楔入间隙。

3）装配扭斜憋劲，阀体孔阀芯变形弯曲。

4）温度变化引起阀孔变形。

5）各种安装紧固螺钉压得太紧，导致阀体变形。

10.7.3　消除液压卡紧和卡阀现象的措施

（1）阀芯与阀体孔的加工精度，提高其形状和位置精度，加工精度低的阀要及时更换。

（2）采用锥形台肩，台肩小端朝着高压区，利用阀芯在阀孔内径向对中。

（3）仔细清除阀芯凸肩及阀孔沉割槽尖边上的毛刺，防止磕碰而弄伤阀芯外圆和阀体内孔。

（4）提高油液的清洁度。

思　考　题

10-1　液压系统常见故障有哪些？

10-2　液压系统工作压力不正常主要表现有哪些，原因是什么？

10-3　液压系统流量不正常主要原因有哪些？

10-4　液压系统中的振动和噪声产生的主要原因有哪些？

10-5　液压系统故障排除的一般步骤有哪些？

11 液压传动系统的安装调试与运转维护

11.1 液压系统的安装与调试

11.1.1 安装

液压系统的工作是否稳定可靠,一方面取决于设计是否合理,另一方面还取决于安装的质量。精心的、高质量的安装,会使液压系统运转良好,减少故障的发生。

在安装液压系统前,首先应备齐各种技术资料,如:液压系统原理图、电气原理图、系统装配图,液压元件、辅件及管件清单和有关样本。安装人员需对各技术文件的具体内容和技术要求逐项熟悉与了解。其次,再按图纸要求做物质准备,备齐管道、管接头及各种液压元件,并检查其型号规格是否正确,质量是否达到要求,有缺陷的应及时更换。

有些液压元件由于运输或库存期间侵入了砂土、灰尘或锈蚀,如直接装入液压系统,可能会对系统的工作产生不良影响,甚至引发故障。所以,对比较重要的元件在安装前要进行测试,检验其性能,若发现有问题要拆开清洗,然后重新装配、测试,确保元件工作可靠。液压元件属精密机械,对它的拆、洗、装一定要在清洁的环境中进行。拆卸时要做到熟知被拆元件的结构、功用和工作原理,按顺序拆卸。清洗时可用煤油、汽油或和液压系统牌号相同的油清洗,清洗后,不要用棉纱擦拭,以防再次污染。装配时禁止猛敲、硬扳、硬拧,如有图纸应参照图纸进行核对。在拆洗过程中对已损坏的零件,如老化的密封件等要进行更换。重新装配好的元件要进行性能和质量的测试。

有油路块的系统要检查油路块上各孔的通断是否正确,并对流道进行清洗。另外,油箱内部也要清理或清洗。

已清洗干净的液压元件,暂不进行总装时要用塑料塞子将它们的进、出口都堵住,或用胶带封住以防脏物侵入。

液压系统的安装包括管道安装、液压件安装和系统清洗。

11.1.1.1 管道安装

管道安装应分两次进行。第一次是预安装,第二次为正式安装。预安装以后,要用20%的硫酸或盐酸的水溶液对管子进行酸洗30~40min,然后再用10%的苏打水中和15min,最后用温水清洗,并吹干或烘干,这样可以确保安装的质量。管道的安装要做到:

(1)管道必须按图纸及实际情况合理布置。

(2)整机管道排列要整齐、有序、美观、牢固,并便于拆装和维修。

(3)管道的交叉要尽量少,相邻管子及管子与设备主体之间最好有12mm以上的间隙,防止互相干扰、震动。

(4)在弯曲部位,钢管及软管都要符合相应的弯曲半径,参考图11-1、图11-2和表11-1、表11-2。弯曲部位不准使用由管子焊接而成的直角接头。

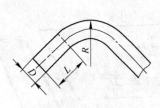

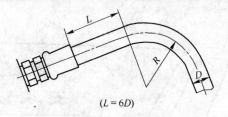

$(L = 6D)$

图 11-1　弯管　　　　　　　　　　　　　　图 11-2　软管的弯曲

（5）为防止管道振动，每相隔一定的距离要安装管夹，固定管子。管夹之间的距离见表 11-3。

表 11-1　钢臂最小弯曲半径　　　　　　　　　　　　　　　（mm）

管子外径 D		8	10	14	18	22	28	34	42	50	63	75	90	100
最小弯曲 半径 R	热弯	—	—	35	50	65	75	100	130	150	180	230	270	350
	冷弯	25	35	70	100	135	150	200	250	300	360	450	540	700
最短长度 L		20	30	45	60	70	80	100	120	140	160	180	200	250

表 11-2　钢丝编织胶管的弯曲半径　　　　　　　　　　　　　（mm）

层数	胶管内径	6	8	10	13	16	19	22	25	32	38
Ⅰ	胶管外径	15	17	19	23	26	29	32	36	43.5	49.5
	最小弯曲半径	100	110	130	190	220	260	320	350	420	500
Ⅱ	胶管外径	17	19	21	25	28	31	34	37.5	45	51
	最小弯曲半径	120	140	160	190	240	300	330	380	450	500
Ⅲ	胶管外径	19	21	23	27	30	33	36	39	47	53
	最小弯曲半径	140	160	180	240	300	330	380	400	450	500

表 11-3　夹管支架距离　　　　　　　　　　　　　　　　（mm）

管子外径	12	15	18	22	28	34	42	48	60	75	90	120
支架最大距离	300	400	500	600	700	800	900	1000	1200	1800	2500	3500

11.1.1.2　液压件安装

A　液压泵安装要求

（1）按图纸规定和要求进行安装。

（2）液压泵轴与电动机轴旋转方向必须是泵要求的方向。

（3）液压泵轴与电动机轴的同轴度应在 0.1mm 以内，倾斜角不得大于 1°。

（4）液压泵、电动机及传动机构的地脚螺钉，在紧固时要受力均匀并牢固可靠。

（5）用手转动联轴节时，应感觉到泵转动轻松，无卡住或异常现象。

（6）注意区分液压泵的吸、排油口。

B　液压缸的安装要求

（1）按设计图纸的规定和要求进行安装。

（2）位置准确、牢固可靠。

（3）配管时要注意油口。

（4）安装时要让液压缸的排气装置处在最高部位。

C　液压阀安装要求

（1）按设计图纸的规定和要求进行安装。

（2）安装阀时要注意进油口、出油口、回油口、控制油口、泄油口等的位置及相应连接管口，严禁装错。换向阀以水平安装较好，压力控制阀的安置在可能情况下不要倒装。

（3）紧固螺钉拧紧时受力要均匀，防止拧紧力过大使元件产生变形而造成漏油或某些零件不能相对滑动。

（4）注意清洁，不准戴着手套进行安装，不准用纤维织品擦拭安装结合面。

（5）调压阀调节螺钉应处于松弛状态，调速阀的调节手轮应处于节流口较小开口状态，换向阀处在常位状态。

（6）检查该接的油口是否都已接上，该堵住的油孔是否堵上了。

11.1.1.3　系统清洗

液压系统安装完毕后，要进行循环清洗，单机或自动线均可利用设备上的泵作为供油泵，并临时增加一些必要的元件和管件，就可进行清洗，图 11-3 为系统清洗的一种原理图。

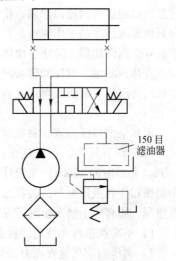

150 目
滤油器

（1）清理环境场地。

（2）用低黏度的专用清洗油，清洗时将油加入油箱并加热到 50～80℃。

（3）启动液压泵，让其空运转。清洗过程中要经常轻轻地敲击管子，这样可起到除去附着物的效果，清洗 20min 后要检查滤油器的污染情况，并清洗滤网，然后再进行清洗，如此反复多次直到滤网上无大量污染物为止。清洗时间一般为 2～3h。

图 11-3　系统清洗原理图

（4）对较复杂的液压系统，可按工作区域分别对各区进行清洗。也可接上液压缸，让液压缸往复运动进行系统清洗。

（5）清洗后，必须将清洗油尽可能排尽，要清洗油箱的内部。然后拆掉临时清洗线路，使系统恢复到正常工作状态，加入规定液压油。

11.1.2　调试

11.1.2.1　调试目的

无论是新制造的液压设备还是经过大修后的液压设备，都要进行工作性能和各项技术指标的调试，在调试过程中排除故障，从而使液压系统达到正常、稳定、可靠的工作状态，同时调试中积累的第一手资料可整理纳入技术档案，可有助于设备今后的维护和故障诊断及排除。

11.1.2.2　调试的主要内容及步骤

调试前要仔细阅读有关图纸资料，了解被调试设备的工作特性、工作循环及各项技术参数，认真分析所有液压元件的结构、作用及调试方法，搞清每个液压元件在设备上的实际位置。并了解机械、电气、液压的相互关系，制订出调试方案和工作步骤。

A　外观检查

外观检查是指系统未开车前，检查系统的元件质量及安装质量是否存在问题。

主要内容有：

（1）液压泵、液压缸（液压马达）、油路块等各液压元件的管路安装是否正确、可靠。

（2）液压泵和电动机的旋转方向是否一致，液压泵是否按标明的方向转动。

（3）电磁阀的电气接线是否正确，阀芯用手推动后能否迅速复位，各手动阀能否扳动自如。

（4）检查系统中压力表的安装位置及完好性。

（5）检查油箱的液面高度，记录油及环境温度。

B　空载试验

空载试验是让液压系统在空载条件下运转，检查系统的每个动作是否正常，各调节装置工作是否可靠，工作循环是否符合要求，同时也为带载试验做准备。

空载实验步骤：

（1）泵站空运转，用换向阀或节流阀将通往执行元件的油路关闭，使泵排出的油只能通过泵出口的溢流阀流回油箱，松开溢流阀的调节螺钉，在首次启动液压泵之前，要打开出油口向泵内灌入纯净的工作油液，并用手扳动联轴器使之转动 2～3 圈，这样可使液压泵各运动副表面建立润滑油膜，防止首次启动因干摩擦而将泵研坏。对于轴向柱塞泵，还要从上泄漏口向泵的壳体内灌油，以使滑靴和斜盘间充满润滑油；然后点动液压泵驱动机 3～5 次，待油泵电动机组件运转正常后，再正式启动，听泵的工作声音是否正常，油箱液面高度是否在规定范围内。

观察泵出口压力表，泵在这种情况下运转时，压力表指示压力应该不超过 0.3MPa。

（2）调节压力，首先从泵出口的主溢流阀开始，徐徐调节溢流阀分挡升压（每挡 3～5MPa，每挡时间 10min）至设计要求的调定压力；然后将调节螺钉背帽紧固牢靠。在这个过程中要密切注意液压泵的运转状态，是否出现异常的噪声、振动，并检查压力升高后所有部位是否泄漏，如以上情况出现应立即关闭电动机，进行处理。调压时应注意：

1）不准在执行元件运动状态下调节系统工作压力。

2）调压前应先检查压力表是否有异常现象，若有异常，待压力表更换后，再调压力。无压力表系统不准调压。

3）调压过程中可能会出现系统无压力或压力上升达不到调节值，这时应停泵仔细检查，排除故障后再继续调节，切不可不问原因硬性调节。

4）调压大小按照设计要求或实际使用要求的压力值调节，不要超过规定的压力值。

5）压力调节后应将调节螺钉锁住，防止松动。

（3）依次调试各执行元件的各个动作。启动控制阀，使液压缸（或液压马达）在规定的速度范围内连续运转。使执行元件在全行程内快速运动，可排除系统内积存的气体，并判定换向，换接的性能，低速运动可观察运动的平稳性。接着，检查外泄漏、内泄漏是否在允许范围内。工作部件试运行之后，由于液压油充满了管道和液压缸，油箱中的液面会下降，甚至可能使吸油管口或吸油管的滤油网露出液面使系统不能正常工作。所以，必须给油箱补加油到规定液位高度。

（4）调试整个系统的工作顺序、工作循环。检查执行元件的动作是否符合设计的顺序，各动作之间是否协调。

（5）检验液压缸行程距离的正确性。

（6）检验互锁装置工作的可靠性。

（7）在系统空载运行过程中，使执行元件的速度分别在低速、高速和正常工作速度下运转一定时间，观察速度的稳定性和油温变化情况。

C　带载试验

带载试验的目的是：

（1）检验最大负载能力，消耗功率情况。

（2）将液压系统各个动作的各项参数如力、速度、行程的始点与终点以及各动作过程的时间和整个工作循环的总时间等，均调整到原设计所要求的水平。

（3）调整全线和整个液压系统，使工作性能达到稳定可靠。

（4）观察带载情况下的速度稳定性和温升情况。

关于载荷，可以是载荷，也可以是模拟加载。连续运转时间为 2 ~ 4h。

11.2　液压系统的运转与维护

液压设备的正确使用、精心保养、认真维护，可以使设备始终处于良好状态，减少故障的发生，延长使用寿命。

11.2.1　运转

（1）液压设备的操作者必须熟悉系统原理，掌握系统动作顺序及各元件的调节方法。

（2）在开动设备前，应检查所有运动机构及电磁阀是否处于原始状态，检查油箱液位，若油量不足，不准启动液压泵。

（3）一般油温应控制在 35 ~ 55℃ 范围内。冬季当油箱内温度未达到 25℃ 时，不准开始执行元件的顺序动作，应先打开加热器进行加热，或启动油泵使泵空运转。夏季，油温高于 60℃ 时，应采取冷却措施，密切注意系统工作状况，一旦有问题要及时停泵。

（4）停机超过 4h 的液压设备，在开始工作前，应先使泵空运转 5 ~ 10min，然后才能带压工作。

11.2.2　维护

（1）定期紧固。液压设备在运行中由于振动、冲击，管接头及紧固螺钉会慢慢松动，如果不及时紧固，就会引起漏油，甚至造成事故，所以要定期对受冲击影响较大的螺钉、螺帽和接头等进行紧固。10MPa 以上的液压系统，应每月紧固一次，10MPa 以下的系统可每隔 3 个月紧固一次。

（2）定期更换密封件。密封在液压系统中是至关重要的，密封效果不好会造成漏油、吸空等故障。

1）间隙密封多使用在液压阀中，如阀体和阀芯之间。间隙量应控制在一定范围内，间隙量的加大会严重影响密封效果。因此要定期对间隙密封进行检查，发现问题要及时更换、修理有关元件。

2）密封件的密封效果与密封件结构、材料、工作压力及使用安装等因素有关。目前弹性密封件材料，一般为耐油丁腈橡胶和聚氨酯橡胶。这类橡胶密封件经过长期使用，将会自然老化，且因长期在受压状态下工作，还会产生永久变形，丧失密封性，因此必须定期更换。目前，我国密封件的使用寿命一般为一年半左右。

（3）定期清洗或更换滤芯。滤油器经过一段时间的使用，滤芯上的杂质越积越多，不仅影响过滤能力，还会增大流动阻力，使油温升高，泵产生噪声。因此要定期检查，清洗或更换滤芯。一般液压系统可每 2 个月清洗一次，多尘环境的液压系统，如铸造设备上的液压系统，滤芯应 1 月左右清洗或更换一次。

　　（4）定期清洗油箱。液压系统油箱有沉淀杂质的作用，随工作时间的延长，油箱底部的脏物越积越多，有时又被液压泵吸入系统，使系统产生故障。因此要定期清洗油箱，一般每隔4~6个月清洗一次，特别要注意在更换油液时必须把油箱内部清洗干净。

　　（5）定期清洗管道。油液中脏物同样也会积聚在管子和油路块中，使用年限越久，聚积的脏物越多，这不仅增加了油液的流动阻力，还可能被再次带入油液，堵塞液压元件的阻尼小孔，使元件产生故障，因此，要定期清洗。清洗方法有两种：一种是将管道各件拆下来清洗，一般对油路块、较软管及拆装方便的管道采用这种方法。另一种是利用清洗回路进行清洗（参见图 11-3）。

　　（6）定期过滤或更换油液。油的过滤是一种强迫滤除油中杂质颗粒的方法，它能使油的杂质控制在规定范围内，对各类设备要制定强迫过滤油的间隔期，定期对油液进行强迫过滤。液压油除了变脏外，还会随使用时间的增加氧化变质、颜色加深、发臭或变成乳白色等，这种情况要换油。一般液压油使用期限为 2000~3000h。

思　考　题

11-1　液压系统中管道、液压件安装要求有哪些？
11-2　液压系统调试的目的、主要内容及步骤是什么？
11-3　液压系统维护的主要内容有哪些？

常见液压传动图形符号

（摘自 GB 786.1—1993）

一、基本符号、管路及连接

名　称	符　号	名　称	符　号
工作管路		柔性管路	
控制管路泄漏管路		组合元件框线	
连接管路		单通路旋转接头	
交叉管路		三通路旋转接头	

二、动力源及执行机构

名　称	符　号	名　称	符　号
单向定量液压泵		摆动液压马达	
双向定量液压泵		单作用单活塞杆缸	
单向变量液压泵		单作用弹簧复位式单活塞杆缸	
双向变量液压泵		单作用伸缩缸	
液压源		双作用单活塞杆缸	
单向定量液压马达		双作用双活塞杆缸	
双向定量液压马达		双作用可调单向缓冲缸	
单向变量液压马达		双作用伸缩缸	
双向变量液压马达		单作用增压器	

三、控制方式

名　称	符　号	名　称	符　号
人力控制一般符号		差动控制	
手柄式人力控制		内部压力控制	45°
按钮式人力控制		外部压力控制	
弹簧式机械控制		单作用电磁控制	
顶杆式机械控制		单作用可调电磁控制	
滚轮式机械控制		双作用电磁控制	
加压或卸压控制		双作用可调电磁控制	
液压先导控制（加压控制）		电磁先导控制	
液压先导控制（卸压控制）		定位装置	

四、控制阀

名　称	符　号	名　称	符　号
溢流阀一般符号或直动式溢流阀		减压阀一般符号或直动式减压阀	
先导式溢流阀		先导式减压阀	
先导式比例电磁溢流阀		顺序阀一般符号或直动式顺序阀	

续表

名　称	符　号	名　称	符　号
先导式顺序阀		集流阀	
平衡阀（单向顺序阀）		分流集流阀	
		截止阀	
卸荷阀一般符号或直动式卸荷阀		单向阀	
压力继电器		液控单向阀	
不可调节流阀		液压锁	
可调节流阀			
可调单向节流阀		或门形梭阀	
调速阀一般符号		二位二通换向阀（常闭）	
单向调速阀　简化符号		二位二通换向阀（常开）	
		二位三通换向阀	
		二位四通换向阀	
温度补偿型调速阀		二位五通换向阀	
旁通型调速阀		三位三通换向阀	
分流阀		三位四通换向阀	

名　称	符　号	名　称	符　号
三位四通手动换向阀		三位四通电磁换向阀	
二位二通手动换向阀		三位四通电液换向阀	
三位四通液动换向阀		四通伺服阀	

五、辅件和其他装置

名　称	符　号	名　称	符　号
油　箱		冷却器	
密闭式油箱 （三条油路）		过滤器一般符号	
蓄能器一般符号		带磁性滤芯过滤器	
弹簧式蓄能器		带污染指示器 过滤器	
重锤式蓄能器		压力计	
气体隔离式蓄能器		压差计	
		流量计	
温度调节器		温度计	
		电动机	
加热器		行程开关	

参 考 文 献

[1] 丛庄远，刘振北. 液压技术基本理论. 哈尔滨：哈尔滨工业大学出版社，1988.

[2] 大连工学院机械制造教研室. 金属切削机床液压传动. 北京：科学出版社，1985.

[3] 程啸凡. 液压传动. 北京：冶金工业出版社，1982.

[4] 齐任贤. 液压传动和液力传动. 北京：冶金工业出版社，1980.

[5] 清华大学精仪系液压教材编写组. 金属切削机床液压传动. 北京：人民教育出版社，1978.

[6] 李寿刚. 液压传动. 北京：北京理工大学出版社，1993.

[7] 关肇勋，黄奕振. 实用液压回路. 上海：上海科学技术文献出版社，1982.

[8] 杨宝光. 锻压机械液压传动. 北京：机械工业出版社，1981.

[9] 贾铭新，曹诚明. 液压传动与控制. 哈尔滨：哈尔滨船舶工程学院出版社，1993.

[10] 贾培起. 液压传动. 天津：天津科学技术出版社，1982.

[11] 王玉卿. 工程机械实用液体传动. 北京：机械工业出版社，1993.

[12] 何存兴. 液压元件. 北京：机械工业出版社，1981.

[13] 薛祖德. 液压传动. 北京：中央广播电视大学出版社，1985.

[14] 毛信理. 液压传动和液力传动. 北京：冶金工业出版社，1993.

[15] 陆望龙. 实用液压机械故障排除与修理大全. 长沙：湖南科学技术出版社，1995.

[16] 屈圭. 液压与气压传动. 北京：机械工业出版社，2002.

[17] 任占海. 冶金液压设备及其维护. 北京：冶金工业出版社，2005.

[18] 赵应樾. 液压泵及其修理. 上海：上海交通大学出版社，1998.

[19] 丁树模. 液压传动. 北京：机械工业出版社，1997.

冶金工业出版社部分图书推荐

书　名	作　者	定价(元)
冶金设备液压润滑实用技术	黄志坚　著	68.00
液力偶合器使用与维护 500 问	刘应诚　编著	49.00
液力偶合器选型匹配 500 问	刘应诚　编著	49.00
现代振动筛分技术及设备设计	闻邦椿　等著	59.00
机电一体化技术基础与产品设计(第 2 版)(本科国规教材)	刘　杰　主编	46.00
电气传动控制技术(本科教材)	钱晓龙　主编	28.00
机械优化设计方法(第 4 版)(本科教材)	陈立周　主编	42.00
冶金设备(第 2 版)	朱　云　主编	56.00
电液比例与伺服控制(本科教材)	杨征瑞　等编	36.00
现代机械设计方法(第 2 版)(本科教材)	臧　勇　主编	36.00
轧制工程学(第 2 版)(本科教材)	康永林　主编	46.00
机械设备维修工程学(本科教材)	王立萍　等编	26.00
污水处理技术与设备(本科教材)	江　晶　编著	35.00
机器人技术基础(本科教材)	柳洪义　等编	23.00
机械制造装备设计(本科教材)	王启义　主编	35.00
机械振动学(第 2 版)(本科教材)	闻邦椿　主编	28.00
机械工程实验综合教程(本科教材)	常秀辉　主编	32.00
电子技术实验(本科教材)	郝国法　等编	30.00
单片机实验与应用设计教程(本科教材)	邓　红　等编	28.00
电子产品设计实例教程(本科教材)	孙进生　等编	20.00
真空获得设备(第 2 版)(本科教材)	杨乃恒　主编	29.80
机械故障诊断基础(本科教材)	廖伯瑜　主编	25.80
冶金液压设备及其维护(工人培训教材)	任占海　主编	35.00
电气设备故障检测与维护(工人培训教材)	王国贞　主编	28.00
高炉炼铁设备(高职高专教材)	王宏启　主编	36.00
通用机械设备(第 2 版)(高职高专教材)	张庭祥　主编	26.00
液压气动技术与实践(高职高专教材)	胡运林　主编	39.00
矿山提升与运输(高职高专教材)	陈国山　主编	39.00
采掘机械(高职高专教材)	苑忠国　主编	38.00
机械设备维修基础(高职高专教材)	闫嘉琪　编	28.00
液压可靠性与故障诊断(第 2 版)	湛从昌　等编著	49.00
柔顺、并联机构空间构型综合理论及智能控制研究	朱大昌　等著	25.00
真空镀膜技术与设备	张以忱　编著	40.00
真空镀膜设备	张以忱　编著	26.00